JN317853

川島良彰
Yoshiaki Kawashima

コンビニコーヒーは、なぜ高級ホテルより美味いのか

ポプラ新書
069

はじめに　なぜ、日本人は並んでまでコーヒーを飲むのか

2015年2月、「ブルーボトルコーヒー」の1号店が清澄白河にオープンし、そこに長蛇の列ができているというニュースにアメリカのコーヒー関係者たちが「どうして……？」と首をかしげていました。

さらに、私が「ブルーボトルコーヒーは、日本では〝コーヒー界のアップル〟と報道されている」と伝えると、「どういうこと？」と驚きの色を隠せない様子。

そもそも、アメリカで、「シアトル系」に続く新しいコーヒー・カルチャー「サードウェーブ」が生まれたのは、日本人がハンドドリップやサイフォンで1杯1杯ていねいに抽出するのを見て驚いたアメリカ西海岸の尖った人たちが、その技術をアメリカに持ち帰ったからです。抽出技術も日本人の方がずっと優れているのですから、彼らが驚くのも無理はありません。

ブルーボトルコーヒーの日本出店で熱を増したかのように見える「サードウェーブコーヒー」と呼ばれるものですが、サードウェーブがどんな〝波〟なのか、これまでのコーヒーと何が異なるのかを明確に答えられていません。

アメリカと日本ではコーヒーの歴史もトレンドも異なりますから、〝波〟が起こる背景も大きさも違って当然です。

まずは、1980年代前半、中小の焙煎業者によってアメリカスペシャルティコーヒー協会（SCAA）が設立された時期がアメリカのファーストウェーブだと私は考えています。大手のコーヒーメーカーがシェアの70％以上を占め、安かろう、悪かろうのコーヒーに疑問を感じた中小の焙煎業者が集まり、SCAAは設立されました。

ただし、そのころのアメリカのスペシャルティコーヒーは、焙煎後のコーヒーにバニラやヘーゼルナッツなどの人工フレーバーをからめたフレーバーコーヒーのことでした。そのため、SCAA主催の展示会の出展ブースの中には、数多くのフレーバーメーカーが含まれていたものです。そして、当時のアメリカでは、業務用はパーコレーター、家庭はシンプルなコーヒーメーカーで

日本とアメリカのコーヒーの変遷

〈アメリカのコーヒーの推移〉

ファーストウェーブ	大手が市場を独占し、不味いコーヒーが主流だったが、1980年代前半に中小の会社が集まりアメリカスペシャルティコーヒー協会が設立され変化が始まった
セカンドウェーブ	1990年代に入りシアトル系のエスプレッソ・コーヒーがブームになる
サードウェーブ	エスプレッソに飽きたらない西海岸のコーヒーマニア達が、ドリップやサイフォン等の様々な抽出方法で、産地やコーヒーの品質にこだわったコーヒー店を展開

〈日本のコーヒーの推移〉

ファーストウェーブ	1950年のコーヒー輸入再開 1960年のコーヒー輸入自由化
セカンドウェーブ	1970年代のコーヒー専門店ブーム
サードウェーブ	1990年代の自家焙煎とチェーン店のブーム 1990年代中頃のスターバックスコーヒー上陸

淹れるのが一般的でした。

セカンドウェーブは、シアトルを中心に西海岸で展開していたスターバックスが全米に店舗網を広げていった1990年代です。パーコレーターが主流だった市場で、エスプレッソ・マシンはアメリカ人にとって驚きであったと思います。

そして、今現在のコーヒートレンドと言えば、ドリップやサイフォンなど、日本の抽出方法の多様性に影響を受けた西海岸のコーヒー好きが、抽出方法の重要性に着目し、豆の品質にこだわったカフェを展開するようになったサードウェーブと呼ばれるものです。

しかし、日本人が並んでまで飲みたいと思うこのサードウェーブコーヒーの抽出技術は実にお粗末で、見かけ重視のやっつけと言われても仕方ない程度です。

あるとき、私はカリフォルニアのサードウェーブのコーヒーショップを訪れて驚きました。バリスタが、ペーパードリップにお湯をなみなみと注ぐと、突然バースプーンを取り出し掻き回しはじめたからです。

素人を装い、「どうして掻き回すのか」と訊ねてみました。すると、「これが正式なやり方で、こうするとおいしくなる」と答えました。さらに、「どこで抽出技術を覚えたのか」と聞いてみると、答えは何と「ユーチューブ」。これには本当に驚きました。

帰国後、抽出器具のメーカーに、「どうして正式な抽出技術を教えながら売らないのか」と疑問を投げかけると、「あれが格好いいと思って使っているわけですし、売れているからいいんです」とのこと。これには再度びっくりしました。

これまで世界中を旅してきて、日本ほど抽出方法が豊富な市場は見たことがありません。10年ほど前、アメリカのコーヒー関係者にサイフォンでコーヒーを抽出して見せたところ、これは科学だと驚いていたほどです。

しかも、アメリカで人気のサードウェーブですが、それはまだまだ大都市に限定されています。日本のように、地方都市でも本格的なサイフォンやネルドリップの専門店があるのとはわけが違います。

他方、日本でもいくつかの大きな波がありました。

まずは、ファーストウェーブ。これは、1950年代に戦中から止まっていたコーヒーの輸入が再開され、コーヒーの輸入自由化により日本のコーヒー市場が活性化した1960年代頃だと思います。

そして、1970年代からはじまった喫茶店ブームがセカンドウェーブです。こだわりのコーヒーを淹れるマスターがいるコーヒー専門店が日本の随所に見られました。

しかし、バブルによる家賃高騰で喫茶店文化は終焉を迎え、取って代わったのが1990年代のチェーン店の展開とシアトル系の日本上陸、そして自家焙煎ブーム。これが、日本のサードウェーブです。

そして、ここ数年、活況を呈しているのが、コンビニエンスストアで提供される淹れたてコーヒーです。コンビニの100円コーヒーが引き起こした大きな波が、日本に於けるフォースウェーブと言えるのではないでしょうか。今、コンビニコーヒーは、日本のコーヒーのトレンドを読む上で、見逃せない存在になっています。

こうして、コーヒーがより身近になり、コーヒーを飲む人が増えるのは実に嬉しいことです。しかし、まだまだ本当のコーヒーのおいしさが伝わっているとは言いかねます。原料の重要さ、正しい豆の選び方、抽出方法が広く伝わっていないとも感じています。

私は小学生のときコーヒー屋になると決め、18歳で単身エルサルバドルに渡りました。そして、エルサルバドル国立コーヒー研究所でコーヒー栽培、精選加工を学びました。その後、四半世紀にわたってジャマイカ、ハワイのコナ島、インドネシアのスマトラ島などでコーヒー農園の開発とコーヒー栽培、買い付けに携わってきました。

現在でも、年間120日前後産地に入り、おいしいコーヒーを日本に届ける仕事をしています。今でも産地を訪問するたびに新しい発見があり、そして、その都度、コーヒーの奥の深さに感心するとともに、まだまだ修業が足りないと実感させられます。

本書では、これまでの私の経験を元に、日本のコーヒーの現状とこれからどのようにコーヒーが変わっていくのかを述べていきたいと思います。

　最後の頁を閉じたとき、コーヒーがワインの原料であるブドウと同じようにフルーツであり、自然環境や天候の影響を受けやすく、収穫年や品種、精選工程によって品質が変わるものだと気付いていただければとても嬉しいです。

コンビニコーヒーは、なぜ高級ホテルより美味いのか／目次

第4章　なぜ、JALのコーヒーがおいしくなったのか　105

第5章　生産者と消費者は対等なパートナー　131

第1章
コンビニと高級ホテル、コーヒー価格の差はなぜ生まれるのか

街には間違った情報が溢れている

街にはカフェが溢れ、コンビニの淹れたてコーヒーを手にした人の姿をあちらこちらで見かけるようになりました。

しかし、これほどまで身近な飲み物であるにもかかわらず、コーヒーに関する情報も、味も品質も玉石混淆。一部分の知識、ある側面しか知らない人がまことしやかにコーヒーを語り、にわか仕込みの間違った情報を発信しているのも事実です。

コーヒーは、ワインやウイスキーのように品質に見合った価格が設定されることもなく、品質を決める明確な基準も明らかにされてきませんでした。

お客様においしいコーヒーを提供するには正確な情報や知識が欠かせないのはもちろんです。しかし、たとえば水質がコーヒーの味にどう影響するかを知っているコーヒー関係者は果たしてどれくらいいるでしょう。アメリカと日本では、そもそも水の質が違います。コーヒーの淹れ方にも工夫が必要なのは当然のことです。

アメリカや北欧の「サードウェーブコーヒー」と呼ばれるものは、深煎りの

「シアトル系」にくらべかなり浅煎りです。超浅煎りの場合、香りは立ちますが酸味が強くなります。ここで水質の違いが重要になります。

北米やヨーロッパの水は硬水のため、酸味は軽減されます。しかし、日本の水は軟水です。軟水で超浅煎りのコーヒーを淹れると、酸味がより強くなり酸っぱくて飲めたものではありません。逆に深く煎ると酸味は減り、苦みが増してきます。

日本酒やウイスキーの味や品質が水によって大きく変わるのと同様、おいしいコーヒーを飲む上でも、水や温度、湿度などの環境は切っても切り離せないということを、まず知ってほしいと思います。

また、コーヒーがフルーツだという認識が一般消費者だけでなく、コーヒー業界やコーヒー関係者にも不足しています。コーヒーは農産物です。工業製品ではありません。料理の味が素材で決まるように、コーヒーの味と香りを決めるのは原料である生豆の品質です。

にもかかわらず、「焙煎こそがコーヒーの味を決める」「抽出技術がすべてを決める」「どんな豆でも焙煎でおいしくなる」と語る人が未だに数多く存在しています。

これは、戦後、輸入再開後も質の良くない豆しか手に入らなかった時期が長く続き、我々の先人たちが限りある原料を何とかおいしくしようと焙煎技術の腕を磨いたことが、焙煎至上主義に陥ってしまった原因ではないかと私は考えています。また、真面目な国民性であるがために、技術に凝る人が多いのも一因かもしれません。

1977年、留学先のエルサルバドルから一時帰国する際、私が最高だと思うコーヒーを2袋（1袋69キロ）買ってくるよう父から頼まれました。別送品で送ったコーヒーが届いたとき、「こんな素晴らしい生豆は日本で見たことがない！」と、父が満面の笑みを浮かべて言ったことをいまでも鮮明に覚えています。

品質の悪い生豆は、どんな焙煎、抽出技術を以てしても、それ以上にはなりません。「どんなクズ豆でも俺が焙煎すればおいしくなる」「抽出技術で低級品も味がよくなる」なんてことはあり得ません。焙煎や抽出技術は、あくまでもコーヒーのおいしさを支えてくれるもの。素材である生豆が持っている品質以上のものは作り出せません。

焙煎は、料理と同じです。腕のよい焙煎技士とは、与えられた環境（焙煎機の性能、スペース、湿度、温度）の中で、本来豆が持っている特性を最大限引き出すことができる人だと思います。

「コーヒーは苦手だ」という人もいるでしょう。いて当然です。

ただ、苦手な人の多くが、コーヒーの渋みやえぐみ、雑味や酸味をその原因に挙げるたびに、本当のおいしさが伝わっていないと、もどかしくなります。渋みやえぐみは、未成熟の豆が原因です。欠け豆や虫食いは雑味を出します。こうした欠点豆を取り除くだけで、コーヒーの味が格段に良くなることを知らないばかりに、コーヒーが嫌われているとしたらとても残念です。

また、経時変化した生豆を焙煎すると、ホコリっぽい臭いが出てしまいます。お米と同じで、古くなった豆を焙煎しても、おいしいコーヒーにはなりません。

さらに、コーヒーはフルーツであり、本来、酸味を味わうものだということも知られていません。抽出後、時間が経過したコーヒーや再加熱して酸化したコーヒーを飲んだ結果、酸化した酸っぱさをコーヒーの酸味だと誤解し、苦手だと思ってしまう人も多いようです。コーヒー本来の酸味と酸化した酸っぱさは、まったく別物です。

このように、運悪く、まずいコーヒーを体験したために、コーヒー嫌いになってしまった人にこそ、まずは本当においしいコーヒーを飲んでもらいたいのです。誰が抽出しても一定の味を担保するコーヒーを販売すること、本当においしいコーヒーを作り届けることがプロのコーヒー屋の仕事です。

「Siempre para café（すべてはコーヒーのために）」。そのためには、正しい情報を広め、明確な品質基準を多くの人に知ってもらうことが大事だと私は思っています。

コンビニと高級ホテルのコーヒー価格は品質に見合っているのか

「はじめに」でも述べたように、いま、日本ではコンビニの淹れたてコーヒーが起こしたフォースウェーブがコーヒーのトレンドとなっています。そして、コンビニのコーヒーは、いままでコーヒーを飲まなかった人にコーヒーを飲むきっかけを与える上でも大きな役割を果たしています。

正直なところ、コンビニのコーヒーはものすごくおいしいコーヒーではありません。でも、100円の価値はあります。いや、ほかで出されているコーヒーに比べれば、100円以上の価値があると言ってもいいでしょう。私は、そこをおおいに評価しています。

なぜならば、コンビニの淹れたてコーヒーの登場によって、もっとまずいコーヒーを出して1000円前後も取る高級ホテルや一流レストランの真価が問われているからです。

コーヒーの品質やおいしさを決める基準を理解してもらうために、ここではコンビニの淹れたてコーヒーと高級ホテルや一流レストランで出されるコーヒーを比較してみたいと思います。

すでに述べたように、ワインやウイスキーは品質に見合った価格が設定されています。たとえば、ワインは、品質により明確に価格が設定され、その価格が品質相応であると納得すれば消費者はお金を出します。そして、ワインを提供する飲食店では、店の格や料理の価格帯に合ったワインの品揃えをし、その品質相応の価格を設定しています。

しかし、コーヒーに関しては、コーヒーの品質に関係なく、提供される飲食店の格に合わせて価格が設定されています。極端な例ですが、同じ品質の原料を使っていたとしても、コンビニでは100円、街のカフェや喫茶店では300〜500円、高級ホテルや一流レストランでは1000円前後というようにです。

場所代だと割り切っている、雰囲気を愉しんでいるからコーヒーの味はどうでもいいという人ならまだしも、純粋にコーヒーを味わいたい人、おいしいコーヒーを飲みたい人にとっては残念な話です。

コンビニコーヒーの原価率は、会社によって若干の違いはありますが、およそ12〜13%というところでしょう。1杯100円のコーヒーに12〜13円の原価を掛けている計算になります。他方、カフェやレストランの原価率は平均2〜3%以下。1杯500円であれば原価は10〜15円です。ということは、販売価格は5倍でも、原価はほぼ同じです。原価がほぼ同じであれば、消費者にとってコンビニのコーヒーを購入した方が、ずっとコストパフォーマンスが良いということになります。

では、高級ホテルや一流レストランの場合はどうでしょう。コーヒー1杯の原価にコンビニの10倍掛けていると読者のみなさんは思いますか？　たぶん、同等かそれ以下の原料を使っているのが現状です。

「1杯のコーヒーにあと10円掛ければコーヒーは劇的においしくなる」と、以前から私は飲食業界に呼びかけてきました。しかしながら、「コーヒーにお金を掛けるなんて馬鹿らしい」「これでいいんだ」と10円を惜しんだ結果、コンビニのコーヒーが起こしたフォースウェーブで襟を正す必要に迫られていると言えるでしょう。

挽きたて淹れたてを実現したコンビニ

さらに注目すべき点。それは、コンビニ各社で抽出方式はドリップ方式、エスプレッソ方式など異なりますが、注文の度に1杯1杯抽出した挽きたて淹れたてコーヒーを提供しているということです。

レジで代金を支払ってカップを受け取り、機械にセットしてボタンを押すと、豆が挽かれお湯が注がれます。安くて手軽で、味のパフォーマンスの良い淹れたてコーヒーが味わえるのですから、多くの人が購入したくなるのは理解できます。

では、高級ホテルや一流レストランなど、それなりの価格設定をしているところは、お客様からの注文を受けてから1杯1杯淹れているのでしょうか。一般的には、数杯をまとめて淹れて保温し、それを出しているところが多いと思われます。

これでは、仮にコンビニと同等の原料を使ったとしても、軍配はコンビニに上がります。しかも、価格は100円と1000円。あなたは、この価格の差に納得することができますか。

いままで、東京都内にある数多くの有名ホテルのラウンジやコーヒーショップに勤務するコーヒー好きのマネジャーやスタッフが、私の元にやってきました。彼らは、自身が勤務するホテルや店への愛着とコーヒーへの思いを熱く語り、お客様においしいコーヒーを提供したいから相談に乗ってほしいと実に真剣です。

しかし、そのたびに、私は「悪いことは言わないから諦めた方がいいですよ。ホテルのコーヒーを変えるのは、そんな簡単なことではないですから」と伝えてきました。

案の定、数日後には、「上司を説得できませんでした」と連絡が入ります。味より原価を抑え、利益を生みだすための飲み物という商習慣が定着しているからです。

コンビニコーヒーの勢いは止まらない

2015年5月、セブン‐イレブン、ローソン、ファミリーマート、サークルKサンクス、ミニストップの5社合計で、2014年度に15億杯のコーヒーを販売したとの報道がありました。その数、2013年度に比べて実に2倍以上。さらに、各社が導入店舗を増やすなどしていることから、2015年度はセブン‐イレブン、ローソン、ファミリーマートの上位3社だけで15億杯以上になると見込まれているとのことです。

セブン‐イレブン・ジャパンの発表によると、セブンカフェのリピート率は55%。これは半数以上の人が何度も購入したことを表しています。しかも、サンドイッチなどと一緒に購入する人も増え、さらには缶コーヒーの購入客層とは重ならないということですから、コンビニに足を運ぶきっかけとして、淹れたてコーヒーは欠かせない商品になっているということです。

これは、コーヒー業界にとって追い風であると同時に正念場です。情報を開示せず、自分たちの都合でコスト重視のコーヒーを販売してきたコーヒー業界も、値段に相応しくないコーヒーを提供してきた高級ホテルやレストランも、原料の目利きを磨かず焙煎を重要視してきた自家焙煎店も、オチオチしてはいられないからです。

実際に、チェーン店や地元の喫茶店が少ない北関東のコンビニの中には、都内のコンビニより驚くほどコーヒーの販売数が多い店がたくさんあるそうです。こうした店では、コーヒーとスイーツを買ってイートインスペースで食べる人が増えている。つまり、コンビニがコーヒーショップの代わりになっているのです。

全日本コーヒー協会によると、2014年のコーヒー国内消費量は過去最高の44万9900トン。コンビニコーヒーで市場が活性化され、消費が伸びたと見られています。コンビニの淹れたてコーヒーを購入する人の男女比は、ほぼ半数ずつ。「価格の安さ」「缶コーヒーやペットボトル入りコーヒー等よりおいしい」「淹れたてが飲める」などの理由を挙げ、「味」「価格」「香り」が購入理由の上位3位を占めています。

消費者は、安ければいいと思っているわけではありません。味と香り、淹れたてを重視しています。

いまや、来店誘致に大きな影響をおよぼすまでになったコンビニの淹れたてコーヒー。その勢いは止まるどころか、増々加速しています。

コンビニ各社がしのぎを削って

季節ごとに、コンビニコーヒー秋の陣、夏の陣などと言われるほどの熱戦が繰り広げられているのですから、ただ安くて手軽なだけではなく、よりおいし

コーヒーの需要が高まっている

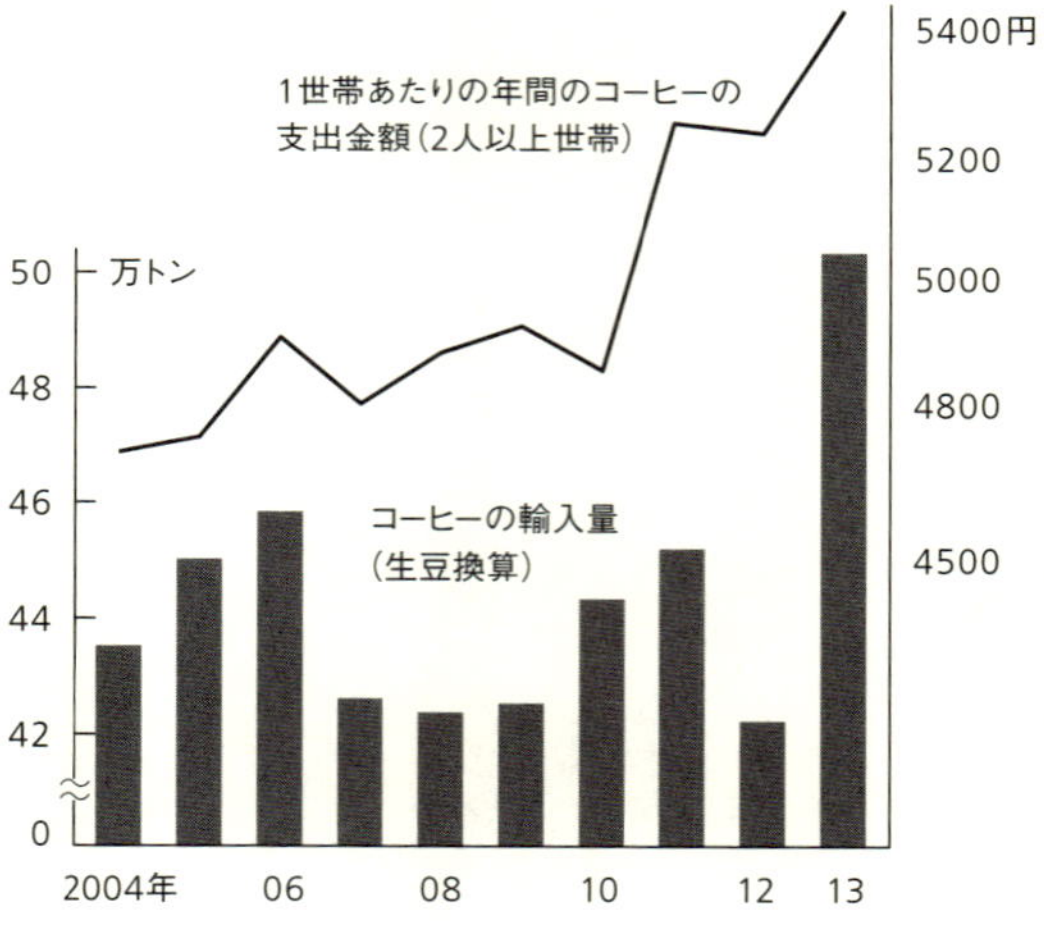

日経MJ（2014年10月）より

いコーヒーが求められるようになっていくことは必至です。

ファミリーマートは、2015年3月31日、「ファミマカフェ」を刷新。従来のブレンド豆に甘い香りや酸味が特長のグアテマラ産を加え、豆の大きさや水分含有量などを厳選しました。さらには、エスプレッソ・マシンの抽出方法も変え、豆の挽き具合を従来より粗くすることで、雑味の少ないコクのあるコーヒーを味わえるようになりました。

このように、各社、商品開発に余念がないことから、ますます目が離せない存在になっていくでしょう。

いままでは、コンビニでコーヒーといえば男性客をターゲットとした缶コーヒーでした。店内には、プライベートブランドをはじめ、実にさまざまな缶コーヒーが所狭しと並んでいます。しかし、2014年の缶コーヒー市場は3億4300万ケース。3年連続減少しているというのです。缶コーヒー以上に影響を受けているのは、チルドのコーヒー飲料です。これは、チルドや缶入りのコーヒーからコンビニの淹れたてコーヒーに乗り換えた人がいるということ

コーヒー全体の消費量が伸びる一方、缶コーヒーは低迷している

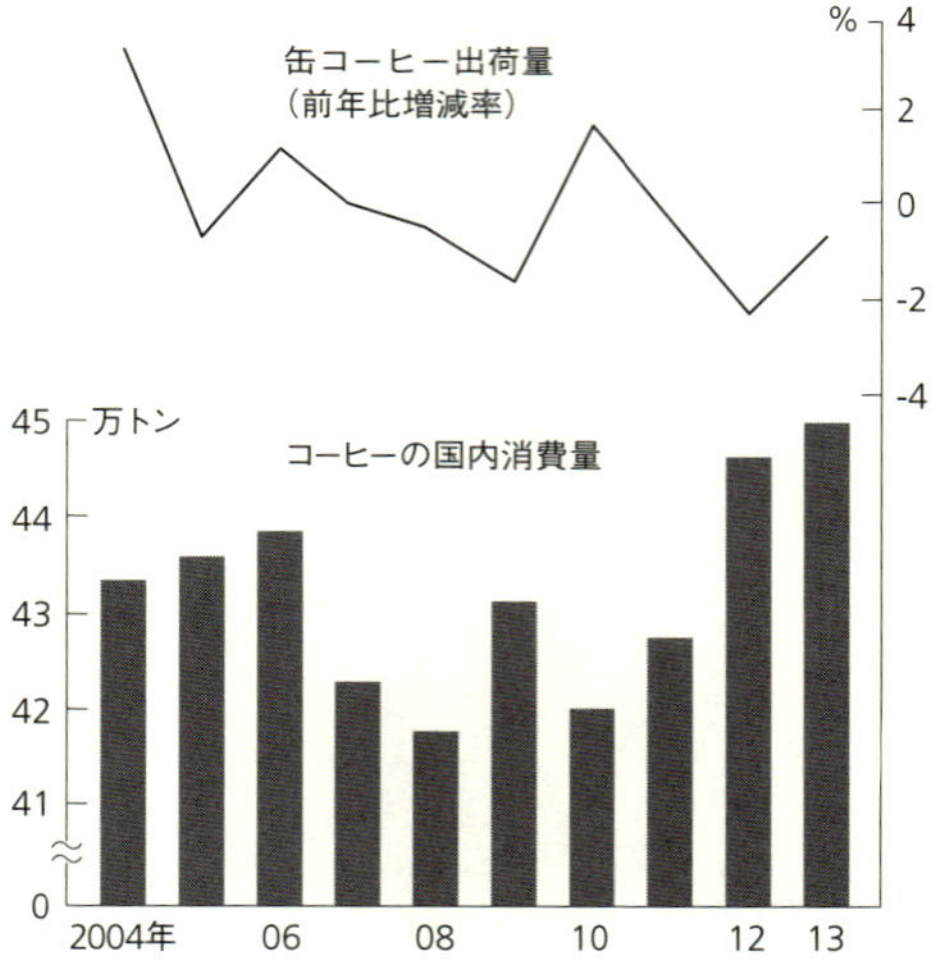

日本経済新聞（2015年5月）より

とでしょうか。

セブン‐イレブンが、電子マネー「ナナコ」の購入データを分析し発表したところによると、缶コーヒー購入者は30~40代が多く、その割合は男性が78・6％。

一方、セブンカフェの購入者は、ほかのコーヒー飲料にくらべて女性とシニアの比率が高く、購入客層は重ならないと判断したとのことです。

さらに、セブンカフェ購入者の約4割はいままでコーヒー飲料を購入しなかった人だということですから、コンビニの淹れたてコーヒーが働く女性やシニアのニーズをつかんだと言えるでしょう。

2014年8月の報道によると、家庭で飲まれるコーヒーを除いた日本のコーヒー市場は年間約295億杯。缶コーヒーが約半数の140億杯を占めているとのことですが、今後、この割合が変化する可能性もあります。

コンビニ各社の抽出方法と味

コンビニ各社の抽出方法はそれぞれ異なります。大手3社では、セブン‐イレブンがドリップ方式、ローソンとファミリーマートがエスプレッソ方式で抽出しています。そして、セブン‐イレブンは、これまではレギュラーコーヒーのホットとアイスに絞って販売していました。

しかし、2015年6月、セブン‐イレブン・ジャパンは江崎グリコと共同開発した「セブンカフェ アイスカフェラテ」を同月24日から九州地区の2000店で、さらに7月末までに関東地区を加えた約9000店で販売すると発表。2015年度は、カフェラテの投入により前年度比約2割増の8・5億杯の販売を目指しているとのことです。

他方、ファミリーマートとローソンはエスプレッソ方式で抽出しているため、これまでもカフェラテなどの商品を選んで購入することができました。

コンビニ各社のホットコーヒーを飲み比べてみると、若干の違いはあるものの、総じて酸味を抑えているように感じられます。これは、各社全国津々浦々すべての店舗で同じ味のコーヒーを提供するという命題があるからでしょう。

さらには、コーヒー専門店と異なり、お客さんは銘柄を選ぶことはできないため、老若男女誰が飲んでもおいしいと感じるコーヒーの味を目指した結果だと思います。

全国で展開するコンビニ店舗で一斉にコーヒー豆や抽出方法を変えるには莫大なコストがかかります。こうした理由からも、万人に好まれるコーヒーの味を提供することが求められているのかもしれません。

ドリップ方式で抽出しているセブン‐イレブンは、エスプレッソ方法で抽出している他社より店内でコーヒーの香りが強く感じられます。これは、エスプレッソの機械が気密性が高く、香りが外に出にくいという理由からだと推測します。

ファミリーマートやローソンはエスプレッソ方式で抽出していますが、エスプレッソのように濃くはありません。これは「ルンゴ（イタリア語で長いという意味）」と呼ばれ、エスプレッソ用に挽いた豆をドリップコーヒーと同じ濃さにするために抽出時間を長くし、お湯を注ぎ続ける方式です。

抽出方式の違いはありますが、店頭で1杯ずつ抽出した淹れたてコーヒーを購入できることは消費者にとってはとても魅力的です。

大量に消費される上での課題

コンビニのコーヒー市場は、今後ますます拡大していくと予想されますが、ひとつ忘れてはいけないことがあります。それは、コーヒーが国際商品であるということです。

２０１５年前半の数カ月、コーヒー豆の国際価格は横ばいで推移してきました。しかし、世界の生産量の30％以上を占めるブラジルの天候次第で、世界のコーヒー相場は大きく変動します。しかも、ご存知の通りの円安です。為替相場も大きなファクターになります。

２０１５年7月には小麦、カカオなどの輸入品を原料とするパスタ、パン、チョコレートなどの食品が一斉に値上げされました。値段は据え置いたまま内容量を減らす選択をした商品も多数あります。

今後、コーヒーの輸入価格が上がれば、１００円のコンビニコーヒーも値上げを強いられる可能性があります。または、利益を減らしても料金は据え置くか、コーヒーの粉の量を減らすなどして対応するかの選択を迫られることがあるかもしれません。

コンビニ大手3社のコーヒー比較

	セブン-イレブン	ローソン	ファミリーマート
ブランド名	SEVEN CAFÉ （セブンカフェ） 	MACHI café （マチカフェ） 	FAMIMA CAFÉ （ファミマカフェ） 
抽出法	ペーパードリップ	エスプレッソ抽出	エスプレッソ抽出
特徴	他社と比べて酸味が目立ちます。苦味のキレもよく、スッキリとした味わいが特徴的です。	他社と比べて苦味の強さが目立ちます。限定メニューの楽しさが特徴的でゲイシャ、ハワイコナなど希少性のあるコーヒーを手軽に試せます。	以前は好き嫌いの分かれそうな濃厚な味わいのコーヒーでしたが、リニューアルによって香りだちはより明確になり、味は他社に似た方向にシフトしました。
価格（税込み）ホットコーヒー	(R)：100円 (L)：150円	(S)：100円 (M)：150円 (L)：180円	(S)：100円 (M)：150円 (L)：180円

市場が拡大すればするほど、輸入価格の上昇はコンビニ各社にとって大きな負担となります。

輸入価格が上昇し続けたときのことを想定して、あくまでもたとえばですが、価格を維持するために1杯のコーヒーの量を1グラム減らしたときの原価の差額を計算してみましょう。

コンビニコーヒーの6割超を占めるセブンカフェは、2015年度の販売計画は前年比2割増しで8・5億杯を見込んでいると言われています。ここでは計算しやすいように、消費税を考慮せず単純に100グラム100円の豆を使っていると仮定します。

1杯当たり10グラム使っていたのを1グラム減らすと、1杯当たり100円÷100＝1円。

1円×8・5億杯＝8億5000万円になります。重量では、850トンにもなります。

だからと言って、原材料費のコスト削減のためにコーヒーを薄くするわけにはいきません。味を薄くしないためには、焙煎度合いを変えるか、豆を細かく挽くなどの工夫が必要になりますが、当然、味は変わってしまいます。その上、コーヒー豆の量や挽き方を変更するには、全国の店舗に設置された抽出器を一斉に調整するコストが掛かってしまいます。

今後、国際価格が上昇し、さらに円安が進めば、1杯1円の原材料費を抑制するコストと抽出器の調整に掛かるコストを天秤にかけ、頭を悩ますことになるかもしれません。

いま、コンビニコーヒーが起こしたフォースウェーブは、間違いなくコーヒー業界に大きなインパクトを与えています。この波は、1990年代にスターバックスが日本に上陸した以上のインパクトです。

あのときも、日本のコーヒー業界はスターバックスのコーヒーを煎り過ぎのコーヒーとして完全に無視しました。しかし、あれはまさしく黒船の襲来でした。

当時、コーヒーは、家庭の主婦が夫と子どもを送り出した後、テレビのワイドショーを見ながら飲んだり、サラリーマンが会社をサボって喫茶店でスポーツ新聞を広げながら飲むダサい飲み物になっていました。そこにスターバックスが登場し、一気に10代の若者までが飲むようになり、裾野が広がりました。

残念だったのは、この好機に乗じて日本本来のコーヒー文化、ドリップやサイフォンを広めずに、ひたすらスターバックスを否定し続けた日本のコーヒー業界です。西海岸からやってきた新しくて格好いいトレンドとして若者に持て囃されたスターバックスは、いまでは日本中どこでも見かけるまでになり、日本人の生活にすっかり馴染んでいます。実に皮肉な話です。

すでに述べたとおり、コンビニのコーヒーはものすごくおいしいコーヒーではありません。値段相応のおいしさです。そして、もっとおいしくなる可能性を秘めています。

コンビニのコーヒーによってコーヒー愛好者が増えれば、自然に舌も肥えていきます。いままさに、コーヒー市場がワインのように成熟していく大きなチャンスが到来していると言えるのです。

果たして、コーヒー業界、高級ホテルや一流レストランは、この絶好の機会をいかすことができるのか。動向が気になるところです。

なぜ、食材にこだわるシェフがコーヒーにはこだわらないのか

２０１３年９月、函館で開催された第４回「世界料理学会 in HAKODATE」の会場は料理人たちの熱気で包まれていました。世界で活躍する有名シェフたちが、それぞれの理念や技術を発表するイベントに、コーヒー業界からはじめて招待され、みなさんの前で話をする機会を得たのです。

いよいよ私の講演の順番がやってきました。そして冒頭、一流料理人のみなさんに問いかけました。

「料理の食材にはこんなにもこだわっているみなさんが、食後に出すコーヒーにまったくこだわらないのはなぜですか？」「せっかくおいしい料理をいただいたのに、食後に出てくるコーヒーがあれではがっかりします」と。

そして、講演後、多くの料理人たちと語り合ううちに、私が抱き続けてきた疑念が確信に変わりました。それはシェフたちの責任ではなく、「コーヒーはこんなものだ」と思わせ、情報開示を怠り、自分たちの都合に合わせたコーヒーを売り続けてきたコーヒー業界の問題でもあるのだと。

読者のみなさんは、高級ホテルのコーヒーをまずいと思ったことや、一流レ

ストランの食後のコーヒーにがっかりしたことはありませんか。

たとえば、東京都内にある高級ホテルで提供されているコーヒーの価格はおよそ1000円〜1400円。場所代や人件費が含まれているとしても、その味や香りからは100円のコンビニコーヒーの10倍以上の価値があるとは思えません。飲むたびに、もう少し何とかならないものかと思うのは私だけでしょうか。

ホテルのラウンジでは、コーヒーのおかわり自由というところも多いのですが、お世辞にもおいしいとは言えないコーヒーを3杯も4杯も飲めるはずがありません。ましてや、有名パティシエが精魂込めて作ったスイーツと合わせるにはあまりにお粗末です。

料理の味を引き立てるのがワインなら、スイーツの味を引き立て、食事の最後をしめるのがコーヒーです。それなのに、まずいコーヒーが食事を台無しにしていることさえあるのですから、コーヒー屋として悲しくなります。

数年前、都内の星付きの有名レストランで食事をしたときのことです。すべての料理が絶品で、マリアージュしたワインもすばらしいものでした。そして、ソムリエのサービスもさすがだと感心するレベルでした。

にもかかわらず、最後に出されたコーヒーは、顔を背けたくなるほど酷い代物でした。ミネラルウォーターも5種類ほど用意され、それぞれの薀蓄《うんちく》を語ってくれたソムリエに、「非常に残念なコーヒーだ」と伝えたところ、「これは、イタリアの○○社のコーヒーで」と説明がはじまりました。

「そんな説明はどうでもいいけど、まずいですよね。あなたはこのコーヒーを飲んだことがありますか？　おいしいと思って出しているのですか？」と訊ねると、彼は言葉を濁しました。コーヒー以外の飲料には細心の注意を払っているというのに、コーヒーに対しては残念ながらこんなものなのです。

こうした背景には、コーヒー業界の問題も存在しています。

それは、大手コーヒー会社がホテルやレストランに抽出器具を無償提供することや貸し出すことを条件に、コーヒーの長期納品契約を交わす商習慣です。しかも、納入するコーヒー豆はすべて会社任せ。これでは、ほかの食材のように品質や鮮度を吟味し選ぶための知識を得ることも、目を肥やす機会も、おいしいコーヒーをお客様に提供する土壌も生まれません。

「タダより高いものはなかりけり」とはよく言ったものです。機械のコストは、コーヒーの代金に含まれます。しかし、コーヒー業界自らが作った価格競争の中で、このコストをコーヒー代にオンさせることはできませんから、原料の質を落として利益を確保しようとするのです。

では、どのように原価を下げているのでしょう。

アラビカ種の中でも等級の低い原料を使うか、アラビカ種より3割程度価格が安く品質が落ちるカネフォラ種（ロブスタ）を使えば、簡単に原価を下げることができます。

本来、高級ホテルを利用する人は舌が肥え、味覚にもこだわりがあるはずです。そんな人たちにおいしくないコーヒーを提供し続けたらどうなるのか。注文する人が減り、それにより豆の回転率が落ち、さらに豆が劣化し、コーヒー嫌いを増やすだけです。つまり、コーヒー業界は自分で自分の首を絞めているのです。

このままいけば「同じコーヒーなら安い方がいい」という消費者が増えていきます。本当においしいコーヒーに、相応の金額を払う人もいなくなります。

またコーヒーを飲むことをやめてしまう人も続出するでしょう。

つい先日のこと、ある一流レストランから、「おいしいコーヒーをお客様に提供したいので相談に乗ってほしい」と依頼がありました。

そのレストランを訪れ、厨房に入ってショックだったのは、まったくメンテナンスをしていない抽出器を使っていたことです。鍋も流しもコンロもピカピカに磨き上げられているというのに、抽出器はコーヒーの油がこびりついたままメンテナンスされていませんでした。

チェックすると、抽出器のお湯が出る8つの穴の内4つが詰まっていました。これではコーヒーに均等にお湯が掛からず、おいしいコーヒーが淹れられません。しかも、コーヒー豆もメーカーお任せで、シェフ自ら選んだことはないというのです。

このレストランの厨房で私は思いました。もし、自分の作る料理に合ったコーヒーを選び、自分で購入した抽出器だったら、このレストランでも定期的にコーヒーの味のチェックや機械のメンテナンスをするに違いないと。

第2章

まずいコーヒーには理由《わけ》がある

イギリス人のコーヒー屋に言われたこと

タンザニアで出会ったイギリス人のコーヒー生豆商社の男性に言われたひと言が、いまでも忘れられません。

「とてもじゃないけど飲めないようなまずい紅茶は飲んだことがないけど、口がひん曲がるほどまずいコーヒーはそこら中にある」

でも、「確かに、お前の言う通りだ」と私は納得しました。しかも、紅茶の国のイギリス人の説だけに余計に説得力がありました。なぜなら、もちろんおいしさに優劣はあるものの、紅茶はコーヒーほど極端なブレがないと私自身思っていたからです。

たとえば、航空機の機内で出されるコーヒーと紅茶。日本航空以外では、私も、つい紅茶を選んでしまいます。とんでもなくまずいコーヒーを飲むくらいなら、そこそこの紅茶を飲んだ方がいいからです。日本航空のコーヒーがおいしくなった理由は、第4章で詳しく述べますので、そちらを参考にしてください。

また、レストランでいつ抽出したのかもわからない、煮詰まって酸化したコーヒーを出されると、手をつける気になりません。

ドリップしたコーヒーは、抽出後20分以内がおいしく飲める限界です。それも抽出後保温ポットに入れた場合で、ホットプレートで加熱したら加速度的に酸化してしまいます。

では、おいしいコーヒーとまずいコーヒーの差はどこにあるのでしょう。品種、栽培、輸送、保管に関して、またおいしいコーヒーの淹れ方については後々述べていきますが、まずここではコーヒーの味を落とす原因のひとつである欠点豆の話をしたいと思います。

欠点豆がコーヒーの味を落とす

スーパーや自家焙煎店でコーヒー豆を購入したら、一旦、その豆をお皿やトレーにすべて出してみてください。大手コーヒーメーカーの製品でも、残念ながらある程度の欠点豆が含まれています。そして、その欠点豆を取り除いて飲んでみてください。欠点豆を取り除くだけで、コーヒーのおいしさは格段にアップします。

では、代表的な欠点豆を挙げていきましょう。変色して黒くなった黒豆は風味に大きく影響します。未成熟豆は渋み、えぐみの原因、虫食い豆や中が空洞の豆は雑味の原因になります。精選工程での発酵の失敗で発酵臭のある豆、機械に挟まって割れてしまった欠け豆、脱穀工程でつぶれた豆は煎りむらや雑味の原因になります。

本来、極端な欠点豆は産地で取り除かれますが、その精度が高くなればなるほど歩留まりが落ち、当然、生豆の価格も上がります。しかし、精度を落とせば、買付け価格は安くなり、当然品質も下がるというわけです。

また、日本の工場で、焙煎後、包装効率を良くするために豆を高速で袋に投入すると割れ豆が増えてしまいます。割れた豆は、酸化速度が速くなり味を落とす原因になります。

勇気のある方は、取り除いた欠点豆だけを挽いて飲んでみてください。まずくて飲めたものではありません。

以前、東京で開催された講演会でコナ・コーヒーを例に話をしたことがありました。ホノルルのお土産屋さんの棚に必ずといっていいほど並んでいるコナ・コーヒーは、いまやハワイ土産の定番になっています。

あるとき、同じメーカーの同じ分量のエクストラ・ファンシー（最高級のグレード）のコナ・コーヒーが、「豆」と「粉」で販売しているのを見掛けました。ところが価格が違います。豆を挽く手間が掛かる分、「粉」の方が高いならまだ納得できますが、「豆」の方が高かったのです。一体どうしてでしょう。

それは、簡単な理由からです。粉にしてしまえば何を使っていてもわからないから、「粉」で売る商品には低級品を使用し、「豆」で売る商品の方に粒揃いを入れているのです。

嘘のような本当の話ですが、講演後二人の若者が話しかけてきました。差し出された名刺を見ると、二人共、大手コーヒー会社の社員でした。そして、「川島さんの話を聞いてようやくわかりました。どうして自分たちの会社で売っている製品の『豆』と『粉』の価格が違うのか、上司に聞いても納得できる返事をもらえなかったのです」と。

ハワイだけでなく、日本でもそんなことがあるのかと驚きました。

とんでもなくまずいコーヒーがそこら中にある理由は、コーヒー会社が自分たちの都合に重きを置いた商売を続けてきた結果なのだと、あらためて思い知らされた出来事でした。

品種に詳しくないコーヒー生産者

コーヒー豆が果実の種子だということを知らない人も多いと思いますので、ここでコーヒー豆について説明しておきましょう。

コーヒーはコーヒーノキという植物の果実の種を煎ったものです。コーヒーチェリーと言われるように、一般的にその実は熟したさくらんぼのような赤い色をしています。

コーヒーノキは、被子植物門双子葉植物綱アカネ目アカネ科コーヒーノキ属に分類され、70種類ほどあると言われています。その中で商業作物として栽培されているのは、おもに「アラビカ種」と「カネフォラ種」の2種類。ロブスタは「カネフォラ種」の品種のひとつですが、知名度が高いため、いまではカ

コーヒー豆になるおもな品種

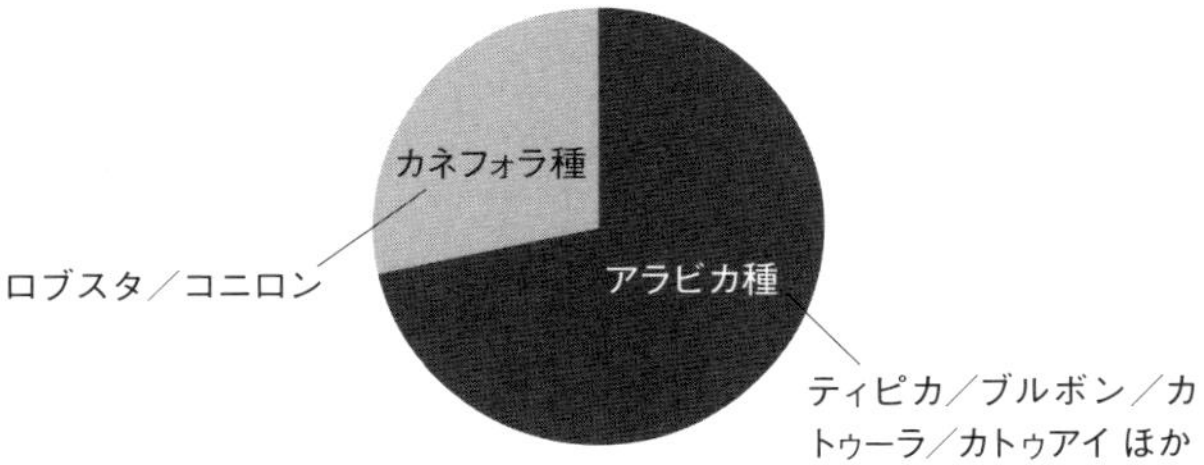

ネフォラ種の代名詞となっています。

現在世界で生産されているコーヒーの約70％は、アラビカ種の仲間で、モカ、キリマンジャロ、ブルーマウンテンなどの銘柄があります。しかし、アラビカ種は病気に弱いという弱点があります。

焦げた麦茶のような独特のいやな匂いのするカネフォラ種は病気に強く、1900年ごろから普及し、今では世界の生産量の約30％を占めるようになりました。おもに、インスタントコーヒーやアイスやホットコーヒーのブレンドの一部として使われています。

熱帯植物のコーヒーノキは、赤道を中心とした南緯25度から北緯25度の間のコーヒーベルトと呼ばれる地域で栽培されています。そ

おもなコーヒーの生産国と産地

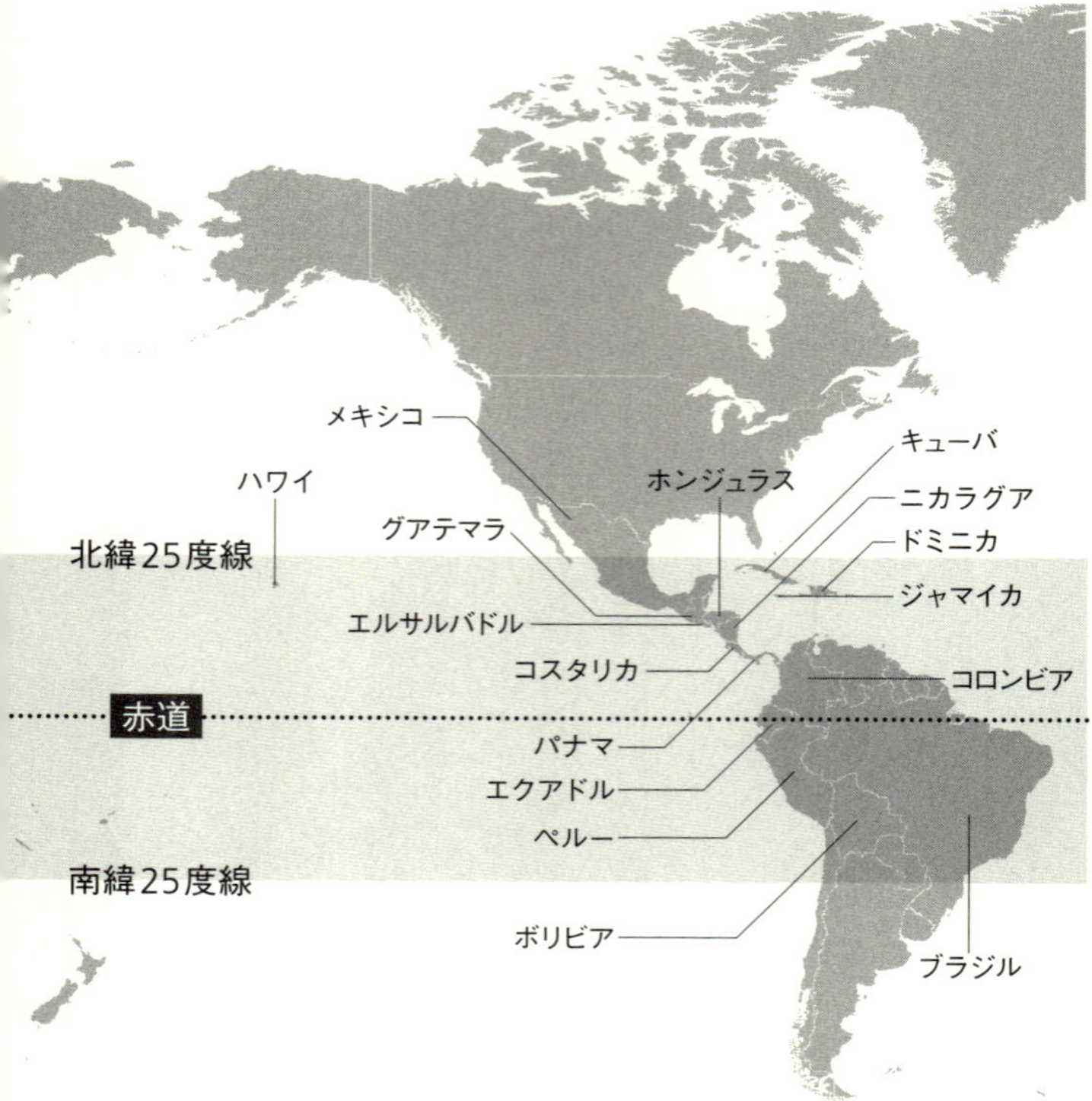

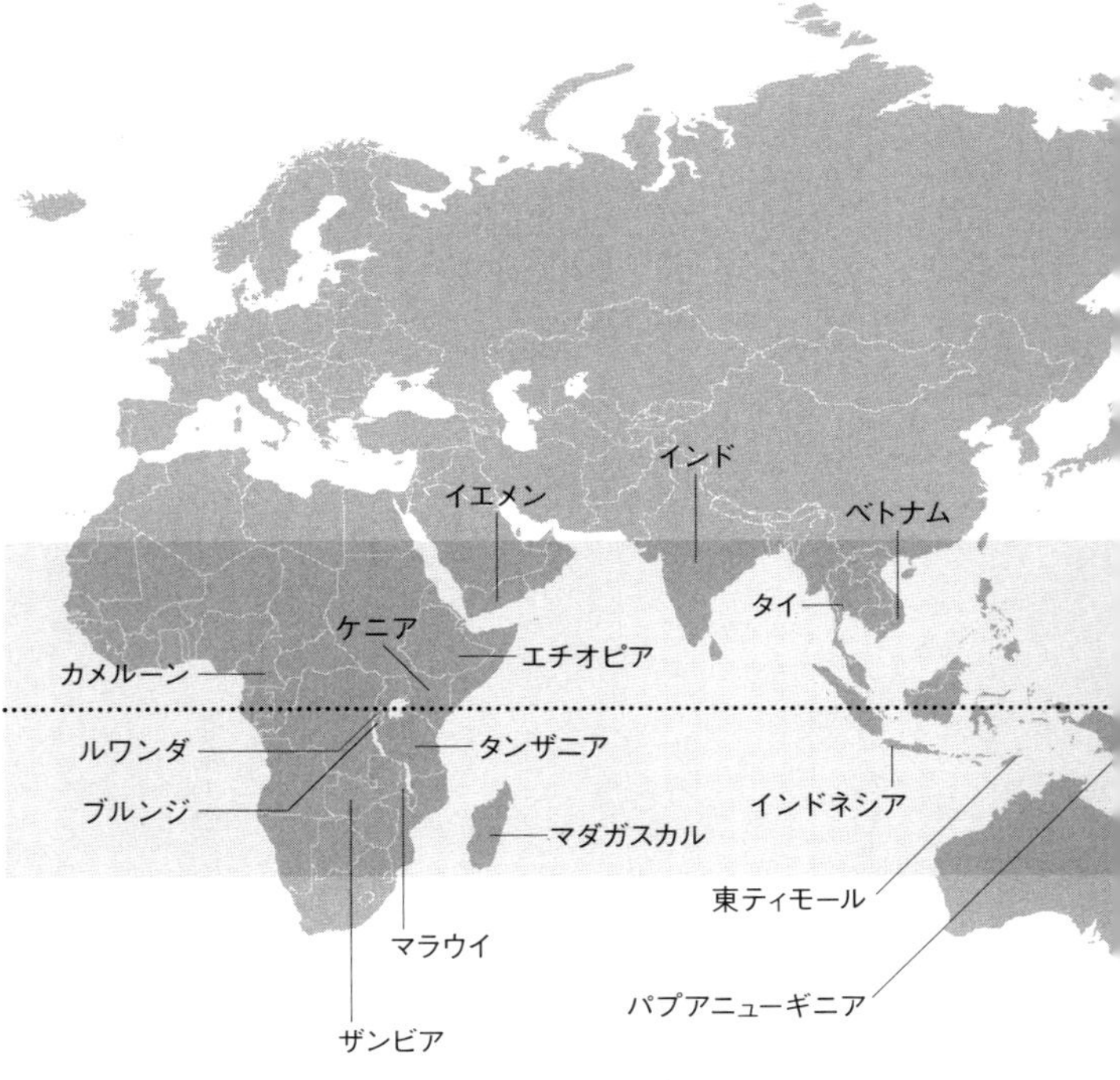
インド
イエメン
ベトナム
タイ
ケニア
エチオピア
カメルーン
ルワンダ
タンザニア
ブルンジ
インドネシア
マダガスカル
東ティモール
マラウイ
パプアニューギニア
ザンビア

して、それぞれの品種に適した自然環境で育ったコーヒーがおいしさの基本になることは言わずもがなです。

にもかかわらず、高値で取引される品種を、生産地の環境を見極めることなく持ち込んでしまうコーヒー関係者がいるのですから困ったものです。

たとえば、2004年のパナマの品評会で好評価を得たゲイシャという品種があります。このアラビカ種ゲイシャ亜種は、もともとエチオピア生まれの原種で、エチオピアのゲシャ（Gesha）丘に由来します。爽やかな酸味とフローラルな香りが印象的ですが、実は多雨を好み、風に弱く、とっても気難しい品種です。

このゲイシャを環境に適さない場所で育てても、ゲイシャの特徴を持つコーヒーにはなりません。ブドウの品種と栽培環境がマッチしなければおいしいワインにならないのと同じ理由です。

最近、産地を回っていると、地元に根付いた在来種を抜いてしまい、ゲイシャを植える生産者が増えていることにがっかりします。「どこから種子を手に入れたのか」と聞くと、非常に怪しげな話が多く、中には木の形状から明らかにゲイシャではない場合もあります。

また、「日本のコーヒー屋が来て、これを育てたら高値で売れるからと言って種をくれた」なんて聞かされたこともあり、無責任で知識のないコーヒー関係者に憤りを覚えます。

驚かれるかもしれませんが、意外にも多くのコーヒー生産者は品種の知識がありません。「これが◯◯種だ」と言われると、それを信じて植えてしまいます。

また、ワイン用のブドウのように、単一品種で畑を作る習慣は根付いていないため、一枚の畑に何品種ものコーヒーが植えられている光景をよく見かけます。

当然、こうした畑のコーヒーは交雑する可能性があり、そこから採取した種で作った苗は、純正種でない可能性が高くなります。そして、これを繰り返していくうちに、品種の特徴など問えないコーヒーが出来上がってしまいます。

ゲイシャは希少種であることから高価格で取引されていますが、適さない環境で育ったゲイシャは、ゲイシャ本来の香りや味が出ることはありません。もし、このゲイシャらしくないコーヒーを、ゲイシャだと高値で買わされたら消費者はどう思うでしょう。「高い割には、おいしくない」と認識し、ゲイシャの価値や評価を下げてしまいます。

そして、「高くてもおいしくないなら、安いもので十分だ」と思う消費者を増やしてしまいます。本当に残念なことです。

その輸送・保管方法は適切ですか

さらに、たとえ高値で買ったコーヒーでも適正な輸送や保管をおこなわなければ元も子もありません。中南米から40~60日かけて輸送されるコーヒーの生豆。日本に入ってくるほとんどのコーヒーは、温度管理ができないドライコンテナで運ばれてきます。

航海中にコンテナの中は60度以上に上昇し、品質は取り返しがつかないほど低下してしまいます。どんなにすばらしい環境で栽培され、ていねいに精選加工されたコーヒーでも、日本に着いたときには全く別物のコーヒー豆になってしまいます。

では、どうしたらいいのでしょうか？

ベストな方法は空輸です。ワインも高級品は空輸で輸入されています。私が作っている最高級品のコーヒーは空輸しますが、高額な運賃が掛かります。それでも、あえて空輸にこだわるのは、それだけの価値がある品質で、それを守らなくてはいけないからです。

もっと安価で品質をある程度担保できる輸送方法もあります。それは、リーファーと呼ばれる温度管理ができるコンテナで運ぶことです。私が直接購入する、最高級品以外のコーヒーは、全て温度を16度にセットしたリーファーコンテナで輸入しています。もし、私がどこかの産地で、すばらしい品質のコーヒーを見つけたとしても、リーファーコンテナが手配できない産地では購入することを諦めるか、高くても空輸で輸入します。

10年ほど前、品質を売り物にしている中堅の自家焙煎店のオーナーが、銘柄によっては空輸で仕入れていると聞き、やはり品質保持に努力している人がいるのだと嬉しくなりました。しかし、実際に会って話を聞いてみると、がっかりしました。なぜならば、「1袋だけ空輸し、残りはドライコンテナで輸入している。全量空輸なんかしたら高く付いて仕方がないからね。でも空輸していることには変わりないから、それを宣伝している」と言っていたからです。

また、最近、定温倉庫で生豆を管理していると謳っている会社や自家焙煎店が出てきましたが、温度管理をしていないドライコンテナで運ばれてきた劣化した生豆を、日本に着いてから定温倉庫で保管しても全く意味がありません。

価格に相応しい品質のものを提供することなしに、コーヒー市場が成熟する道はありません。いままでコーヒー業界がそれをおこなってこなかったことが、高級ホテルや一流レストランで残念なコーヒーを提供してきたことにつながっているのだと私は思っています。

にわかスペシャリストが語るスペシャルティコーヒー

良いコーヒーの代名詞として、「スペシャルティコーヒー」という言葉がよく使われています。バリスタ志望やカフェを開きたい人が増えている昨今、コーヒー愛好者やコーヒーに興味を持ってくれる人が増えていくのは歓迎すべきことです。

では、スペシャルティコーヒーとはどんなコーヒーを指すのでしょう。

「コモディティコーヒー（一般に消費されているコーヒー）」が産地の規格だけで流通しているのに対し、生産地域、農園、品種などが限定されているなど、コーヒーの良さを評価することが「スペシャルティコーヒー」と呼ばれるものです。そして、ひとつの市場を形成するに至っています。

そもそもは、１９７４年、『Tea & Coffee Trade Journal』誌上で最初に使われたと言われています。スペシャルティコーヒーという言葉は、特別な微気象（植物に影響を与えるごく狭い範囲の気象）が生み出す際立った風味のコーヒーを称するために使われたとのことで、これがスペシャルティコーヒーの定義の原点です。

一般的には、高品質なコーヒーは熱帯の高地で栽培されています。それはおいしいコーヒーが採れる条件の、昼と夜の寒暖差が生まれやすいからです。

スペシャルティコーヒー信奉者の中には、スペシャルティこそコーヒーであって、その他はコーヒーではないというような人もいます。そして、そういう人に限って、コモディティ（一般流通品）のコーヒーを知らないことが多々あります。

突然、スペシャルティが生まれたのではありません。コモディティあってのスペシャルティです。このような風潮が高まれば、中腹や低地の生産者はやる気をなくしてしまいます。高地以外でも、自然環境や労働者の人権を守りながらおいしいコーヒー作りに励む生産者はいます。彼らが作るコーヒーは、中腹のスペシャルティであり、低地のスペシャルティであると認めることが、サスティナブルなコーヒー産業として熟成し、全体の品質底上げにつながるというのが私の考えです。


自然環境によって基本的な品質の傾向は決まってしまいますが、収穫方法やその後の精選加工（プレパレーション）の精度が、最終的な品質に大きな影響をおよぼします。例えば、プレパレーションの良い低地産の方が、プレパレーションの悪い中腹産のコーヒーより安くておいしいこともあります。

つい先日も、あるイベントでプレパレーションの良いコモディティコーヒーを飲んだスペシャルティ系の自家焙煎の人が、「これはすばらしいスペシャルティですね」と言ったので、「いいえ、プレパレーションの良い一般流通品です」と答えるとかなり驚いていました。

スペシャルティコーヒーだけがコーヒーだというような風潮や、コモディティを知らない昨今の傾向はいかがなものかと思います。やはり、コモディティあってのスペシャルティなのです。

ブレンドはどんな目的でおこなわれるのか

「取りあえずビール」ではありませんが、コーヒーについて詳しくないからと、カフェでは「取りあえずブレンド」を注文するという人は多いかもしれません。家庭で飲むコーヒーを購入するときも、「〇〇ブレンド」というものを無難に選んでしまうという人もいるでしょう。

では、コーヒーのブレンドはどんな目的でおこなわれているのでしょう。また、ルールはあるのでしょうか。

昔のブレンドと言えば、それぞれのコーヒー会社やコーヒー専門店が、他社やほかの店との差別化のために独自の味を作り出す目的でおこなわれ、日本のブレンド技術はすばらしいものに成長しました。

しかし、昨今のブレンドは、価格を調整するためのブレンドになってしまっている感が否めません。

コンビニコーヒーの項でも述べた通り、コーヒーは国際商品です。世界の30%以上を生産するブラジルの天候次第で、世界のコーヒー相場は大きく変動します。その上、円の為替相場も大きなファクターです。コーヒー相場や為替相場の影響をブレンドすることで吸収していることがあるのです。

日本でブレンド名に産地やブランド名を使う場合は、そのコーヒーを30%以上入れることが公正取引委員会で決まっています。たとえば、「ブルーマウンテン・ブレンド」であれば、ブルーマウンテン地域で採れた豆が30%以上入っていなければいけません。

アメリカ本土ではまったくルールがありませんが、コーヒーを栽培しているハワイ州では、州の法律で地名を使用したブレンドは、10%以上入れることが義務付けられています。

日本の30%のルールは、ほかの消費国にはない優れたものですが、問題は残りの70％には何の規定もないことです。驚くほど安いブルーマウンテン・ブレンドの製品を見掛けますが、70％は一体どんな豆を使っているのか、想像しただけでもゾッとします。他社のブルーマウンテン・ブレンドと比較して安いということは、それ相応の理由があるはずです。

ひと口に「ブルーマウンテン」と言ってもピンからキリまであります。同じブルーマウンテン山脈でも、北側と南側では土壌も陽の当たり方も違い、品質に差が出るのは当然です。こうした理由から、ブルーマウンテンは、品質によって4段階に分かれています。

にもかかわらず、販売するときは「ブルーマウンテン」と一括りにされてしまうのです。しかも、いつ収穫されたコーヒーかもわかりません。基本になる30％のブルーマウンテンに一番グレードの低い品質の古い豆を使い、残りの70％に価格だけで選んだコーヒーを使えば、いくらでも安いブルーマウンテン・ブレンドを作ることは可能です。

しかし、安いとはいえ、ブルーマウンテン・ブレンドはほかのブレンドよりも割高です。こんなブルーマウンテン・ブレンドを選ぶくらいなら、ほかのブレンドコーヒーを選ぶ方がずっといいでしょう。ブレンドコーヒーこそコーヒー会社の真価や姿勢が問われていると言えます。

以前、コーヒー会社でブレンドを担当する知人が、嘆いていたのを思い出します。

「まずは、生豆原価を低く決められてしまい、その範囲内でさまざまなブレンドを作ることを求められる。これでは、メインのコーヒーの特徴をいかすこともできず、合わせるコーヒーも自ずと決まってしまう。結果、どのブレンドも同じような味になり、おいしさは期待できない。もっとおいしいブレンドを作りたい」と。

買い付けと称する視察旅行

焙煎業者や自家焙煎店が、産地に赴き「買い付けしてきました」と宣伝しているのを見掛けるようになりました。研究熱心で、手間暇を惜しまないコーヒー屋が増えることは、消費者がおいしいコーヒーを飲む機会が増えることですからおおいに歓迎すべきことです。

しかし、商社やグループ主催の産地ツアーに参加し、駐在員や現地の輸出業者に全てお膳立てしてもらい、全行程を案内してもらう人たちが多いようです。果たして、グループで一日にいくつもの農園を短時間訪問し、それぞれの農園の看板の前で生産者と写真を撮ってくることが、買い付けといえるのでしょうか。これではコーヒー栽培も精選工程も学ぶことはできませんし、生産者と信頼関係を築く機会にもなりません。ただの視察旅行です。

最近、アメリカのサードウェーブ系や中小の焙煎業者が、農園を訪ねてきたという話を、産地を訪問する度に耳にします。彼らは、もちろん単独で動いています。後発の韓国のコーヒー関係者も、以前はグループで動いていましたが、最近は単独で産地を回る人々が増えています。

私もＪＴＢからの依頼で、毎年産地ツアーを開催していますが、コーヒーのこと、産地のことをよく知ってもらうのが目的です。ですから滞在中訪問するのは多くて２農園です。そして、私が選んだ農園を訪問し、そこで２日から３日じっくりコーヒーの研修をおこない、生産者と意見交換をし、語り合ってもらいます。もちろんこれは、買い付けツアーではありません。コーヒーの研修旅行です。

自家焙煎店の場合は、店を休んだり、奥さんやスタッフに店を任せるなどして産地を訪問するせっかくの機会なのですから、もっと実りの多い旅をしてほしいと思います。

子どものころからコーヒー屋になると決めていた

ここまで、コーヒーについていろいろ述べている私を、一体何者なのかと思っている読者もいることでしょう。そこで、ここからは、私のコーヒー屋としての原点を簡単にまとめてみたいと思います。

私は、静岡市でコーヒー焙煎卸業を営む家の長男として1956年にこの世に生を受けました。父が焙煎するコーヒーの香りに包まれて育ち、焙煎前の生豆が入った麻袋にプリントされた文字を見ては、「このコーヒー豆はどこからやってくるのだろう」と生産国へ思いを馳せていました。

生豆倉庫の隣には小さな部屋があり、そこでは、パートの人たちが、父が焙煎したコーヒーから死豆（未成熟の豆）を拾っていました。そして、私はそれを手伝うのが好きでした。父は、味を落とす死豆を入れたまま、販売することを良しとしませんでした。

私は、死豆拾いは当たり前の作業だと思って育ちました。だから、後にほとんどのコーヒー会社がそれをしていないことを知り、とても驚きました。

「価格を下げて、品質を下げて、頭まで下げてコーヒーを売りたくない。生産者が作ったおいしいコーヒーをていねいに焙煎し、製品化し、堂々と胸を張って売りたい」

こんな父の言葉が私のコーヒー屋としての原点になりました。

生産国に行きたい気持ちが募り、小学６年生のときある行動に打って出ます。「僕は静岡のコーヒー屋の息子です。ブラジルに行ってコーヒーの仕事をしたいと思っています。相談に乗ってください」と熱い思いをしたためて、東京のブラジル大使館に手紙を送りました。一度目は返事が来なかったので、もう一度送ると返事が来ました。「日本政府の海外移住事業団へ相談するように」と。

突然、ブラジル大使館から小学生の息子宛てに手紙が来たのですから、両親は腰を抜かすほど驚きました。そして、「中学を卒業したら行かせてやるから、いまは一所懸命勉強しなさい」と私を諭しました。

もちろん、中学を卒業したからといって、ブラジルに行けるわけがありません。中高一貫の進学校、静岡聖光学院へ進学。同級生たちが大学進学を目指す中、私は、「コーヒー豆はどのように作られるのか」「どんな場所で作られているのか」と、生産国への思いは募るばかり。ブラジル行きを諦めきれずにいました。

そんな私に思わぬチャンスが訪れます。父が、メキシコと中米への視察旅行から帰ってくると、「メキシコの自治大学がすばらしい環境だったから、お前行ってみるか?」と、突然言い出したのです。

視察旅行の主催は駐日エルサルバドル大使館。当時の駐日大使で親日家だったベネケさんが日本のコーヒー業界の人たちに呼びかけて、毎年50人規模の中米コーヒーミッションを送り出した成果で、1970年代、日本のコーヒー業界ではエルサルバドルのコーヒーはとても有名になりました。

1974年の春、父と二人で東京のエルサルバドル大使館を訪ね、ベネケ大使にメキシコ留学の助言を求めました。

すると、「メキシコではなくエルサルバドルの大学に行きなさい。私が身元引受人になり入学手続きをしてあげましょう。そして、私の妹の家にホームステイしなさい」と、すごい展開に。その場でエルサルバドルへの留学を決めて帰ってきました。

１９７５年1月25日、留学先の日程に合わせて高校から特別許可をもらい、18歳だった私は卒業式を待たずに羽田空港から旅立ちました。

もちろん、直行便などありません。まずは、羽田からホノルルに飛び、そこでアメリカの入国審査を済ませロサンゼルスへ向かいました。しかも、当日の乗継便がないので、ロサンゼルス空港近くのホテルに一泊。翌朝、グアテマラに飛び、そこで乗り換えてエルサルバドルに向かうという気の遠くなるような長旅でした。ちなみに、飛行機に乗るのもはじめてでした。

１９７５年当時の日本の首相は三木武夫氏。その年の3月10日、山陽新幹線が博多まで開通しました。

エルサルバドル国立コーヒー研究所に入所

ベネケ大使が手配してくれたホセ・シメオン・カニャス大学は、イエズス会の修道会が経営する私立の大学でした。国立大学にくらべて授業料が高いことから上流階級の子弟が学生の多くを占めていました。

中には、奨学金で通う貧しい家庭の学生もおり、見えない差別もありましたが、私ははじめてで唯一の日本人学生だったので、どの階級の学生とも友だちになることができました。

エルサルバドルの生活にも慣れ、スペイン語もそれなりに上達してきた数カ月後、計画を実行に移していきます。私がエルサルバドルに来た目的はコーヒーの勉強をすること。国立コーヒー研究所の所長の元へアポイントも取らずに会いに行きました。

当然、門前払い。ブラジル、コロンビアの研究所と並ぶ世界屈指のコーヒー研究機関で、各分野の博士や研究者が先端的な研究をする権威あるところです。この四国より少し大きな国が、私が渡航した年に、世界で3番目の生産国になりました。これは1ヘクタール当たりの国の平均生産量が世界一を誇ったからで、研究所のレベルがいかに高かったかがよくわかります。

そんな研究所が、どこの馬の骨かもわからない日本人学生を相手にするはずがありません。かといって、簡単に諦めるわけにも引き下がるわけにもいきません。来る日も来る日も、「おはようございます」と研究所に通い続け、メイスン所長の執務室の前に座り込みました。

「僕は日本のコーヒー屋の生まれで、コーヒーの勉強をすることを切望しています。小学生の頃から持ち続けてきた思いを実現するためにエルサルバドルにやってきました。どうか、この研究所で勉強させてください」というスペイン語を丸暗記し、所長の姿を見かけると訴え続けました。

1カ月ほど経ったころ、突然、所長室に呼ばれました。そして、新進気鋭の若手研究者ウンベルト・アギレラ課長を指導教官として、研究所への入所を許されたのです。いま思えば奇跡のような話です。

恩師アギレラ課長は研究熱心で厳しい人でした。恩師の指示に従い、数カ月単位で病害課、虫害課、遺伝子課、育種課、化学課、農学課、土壌課で勉強を続けました。さらには、それぞれの課が全国に協力農園を持ち、畑を借りて実験をしていたので、エルサルバドル中の産地を訪問することができました。数多くの農園を見ることが、自分の肥やしになったと思っています。

テクニコと呼ばれる技術労働者の技術も、研究所でなければ学ぶことはできなかったでしょう。そのひとり、70歳近いドン・シロの接ぎ木の技術は神業でした。接ぎ木用の小ぶりのナイフで品種の異なる2本のコーヒー苗の茎を切り、切り口をくさび形に細工してぴったりかみ合わせ、瞬く間に紐で縛っていきます。現在のように接ぎ木用クリップなどなかった時代です。

学べば学ぶほど、知れば知るほど、コーヒーの奥深さと魅力、コーヒー作りの面白さにのめりこんでいきました。もっとコーヒーのことを知りたい。コーヒーのすべてを勉強したい。研究所での日々を通して、子どものころから抱いていたコーヒー屋という仕事を天職だと思うようになりました。

実際に農園に入って収穫の作業体験をするようにとのアドバイスを受け、コーヒー農園で収穫労働者たちと寝食を共にしたこともあります。

コーヒーの実は一斉に熟さず、3カ月位の収穫期間中に赤くなった実だけを摘んでいきます。熟した実だけを人の手でひと粒ひと粒収穫する作業は、正確さと速さが求められます。そして何より根気のいる仕事だと身を以て知りました。コーヒー農園で生まれ育った者にはかなわないと痛感したのもこのときです。農園でなければ体験できないことばかりでした。

私のコーヒー屋としての第二の原点はエルサルバドルにあります。エルサルバドルで学び、見て感じて、汗を流した経験が、私のコーヒー屋としての礎になりました。

内戦勃発、ロサンゼルス疎開

１９７８年5月、地方の山岳地帯でおこなわれていたゲリラの反政府活動が都市部でも起きはじめました。１９７９年には軍事クーデターが勃発。留学先だった大学の神父が大学構内で暗殺され、１９８０年には軍部批判をしていたオスカル・ロメロ大司教がミサの最中に狙撃され暗殺されました。

戒厳令が敷かれ、在留邦人の一斉引き揚げがはじまり、５００人ほどいた在留邦人は10人以下になっていました。

20代前半を内戦下のエルサルバドルで過ごし、その後治安の悪いジャマイカでの生活が長かったため、私はいまでもレストランやカフェで入口に背を向けて座ることができません。いつ、誰が入ってきてもわかるように、店全体が見渡せる席に座ります。常に周囲に注意を払い、危険を察知して我が身を守る術が自然に身に付いているからです。

あれから30年あまり、おいしいコーヒーを求めジャングルの奥地や高地へ分け入る生活は、今も続いています。どんな過酷な環境でも状況でも、最悪の災難に遭うことなくやってこられたのは、エルサルバドルやジャマイカ時代に身に付けた、生き抜く術のおかげ以外の何ものでもありません。

エルサルバドル滞在中、最悪にして最も悲しい出来事が起こりました。駐日大使の任務を終え、エルサルバドルに帰国していたベネケ氏が自宅前で待ち伏せしていた何者かによって背後から射殺され、帰らぬ人となったのです。悔しさと悲しさ。私の夢の扉を開いてくれたかけがえのない恩人との永遠の別れでした。

１９８１年、神戸ポートアイランド博覧会が開催されたその年、25歳の私はコーヒー研究への思い断ちがたく、爆発音が日常的に聞こえるエルサルバドルで暮らしていました。

しかし、しばらくすると私の実験区までもが左翼ゲリラの制圧下に入ってしまい、実験区に行けなくなりました。だからといって、一度日本に戻ってしまったらエルサルバドルに戻れなくなる可能性があります。そこで、選んだ疎開先はロサンゼルス。タコス屋でバイトをしながらエルサルバドルに戻る日を待ち続けました。

1981年8月、疎開して4カ月が経ったころのことです。UCC上島珈琲株式会社の創業者、上島忠雄会長（当時70歳）が私に会いにはるばるロサンゼルスにやってきました。

「1933年に個人商店として創業して以来、コーヒー農園を生産地に持つことを夢に抱いてここまでやってきたんや。その夢がジャマイカで叶おうとしとる。ただ、日本にはコーヒー栽培ができる技術者がおらへん。せやから、ぜひ手伝うてくれへんか」

すごい迫力と熱意が伝わってきました。身に余るほどのありがたいオファーでしたが、私はエルサルバドルに戻ることにこだわりました。勉強すべきことがまだたくさん残っていたからです。

「エルサルバドルの状況が変わらんと、日本に戻ることがあったら必ず連絡をくれ」という上島会長に、「帰国した折には必ず連絡させていただきます」とだけ答えました。

そして当初の計画通り、10月にエルサルバドルに戻りましたが、政情は安定するどころか泥沼化し悪化する一方。恩師のアギレラ課長もゲリラに脅迫され陸路でグアテマラに脱出。国立の研究所も予算をカットされ縮小されていました。道半ばにして無念の帰国をせざる得ない状況に追い込まれてしまったのです。

その後、ＵＣＣ上島珈琲株式会社の社員としてジャマイカ、ハワイのコナ、インドネシアのスマトラ島で農園開発に携わり、２００７年10月に退社するまでのコーヒー屋としての歩みは、終章で詳しく述べたいと思います。

第3章

品質基準を明確にし、品質のピラミッドを作る

生産者と消費者の意識を変えたい

ハワイに駐在していた頃、コーヒー産業の中で、自分の立ち位置に悩んだ時期がありました。その時「生産国と消費国の架け橋になればいいんだよ」と尊敬する先輩から言われ、自分の役割が明確になった気がしました。

「生産国には、コーヒー農園を作った人は数えきれないほどいる。でも彼らは、自分の国のコーヒーしか知らない。君はカリブでも、ハワイでも、スマトラでも農園開発をしてきたし、マダガスカルやレユニオン島でも、絶滅の危機にあった品種を見つけ出し復活させた。気候も人種も宗教も文化も、そして言葉も違う国でコーヒー農園の開発に携わってきた経験を持つ。しかも、焙煎卸業の家に生まれた君は、コーヒーを感覚的に理解している。消費国の事情にも精通している。そんな人間は、稀な存在だ」

この言葉が私の背中を押してくれました。

まずは、生産国と消費国のコーヒー関係者の意識を変えなくてはいけません。いままで、消費国のコーヒー業界は相場が下がると手を叩いて喜んできました。

そんな姿を見た一部の人たちが、消費国のコーヒー会社は、途上国の生産者を搾取するとんでもない奴らだと責めます。

しかし、生産国にも、相場が上がると事前に決めてあった契約を守らず、契約を反故《ほご》にして高値で他社に売ってしまう酷い生産者もたくさんいることは知られていません。そして、お互いこんな状況では、消費国と生産国の信頼関係は築けません。

日本は世界第４位の消費量を誇る「コーヒー大国」です。日本のコーヒー業界は生産国の現状に向き合い、どのようにコーヒーが作られ、何が品質に影響を与えるのかを真摯に学ぶ必要があります。生産国のコーヒー関係者は、消費国のニーズを理解し、本来の品質とは何かを学び、もっと知識を深めなくてはいけません。

これからもずっと、私たちがおいしいコーヒーを飲み続けるためには、自然環境を保護し、労働環境を改善しながらコーヒー作りに励む生産者を増やす努力が欠かせません。生産者が安心して栽培に従事できるような環境を整えるためには、国際相場に左右されず、そのコーヒーの品質や価値に見合った価格で

世界の国別コーヒー消費量

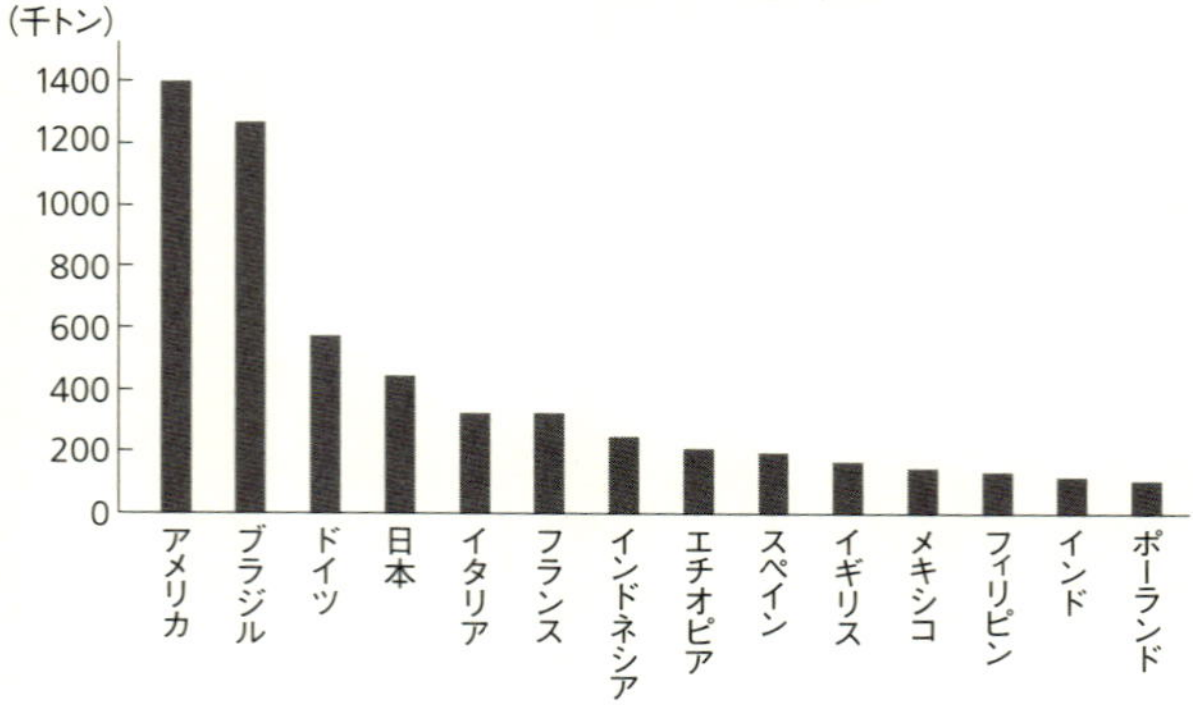

世界の一人当たりの年間コーヒー消費量

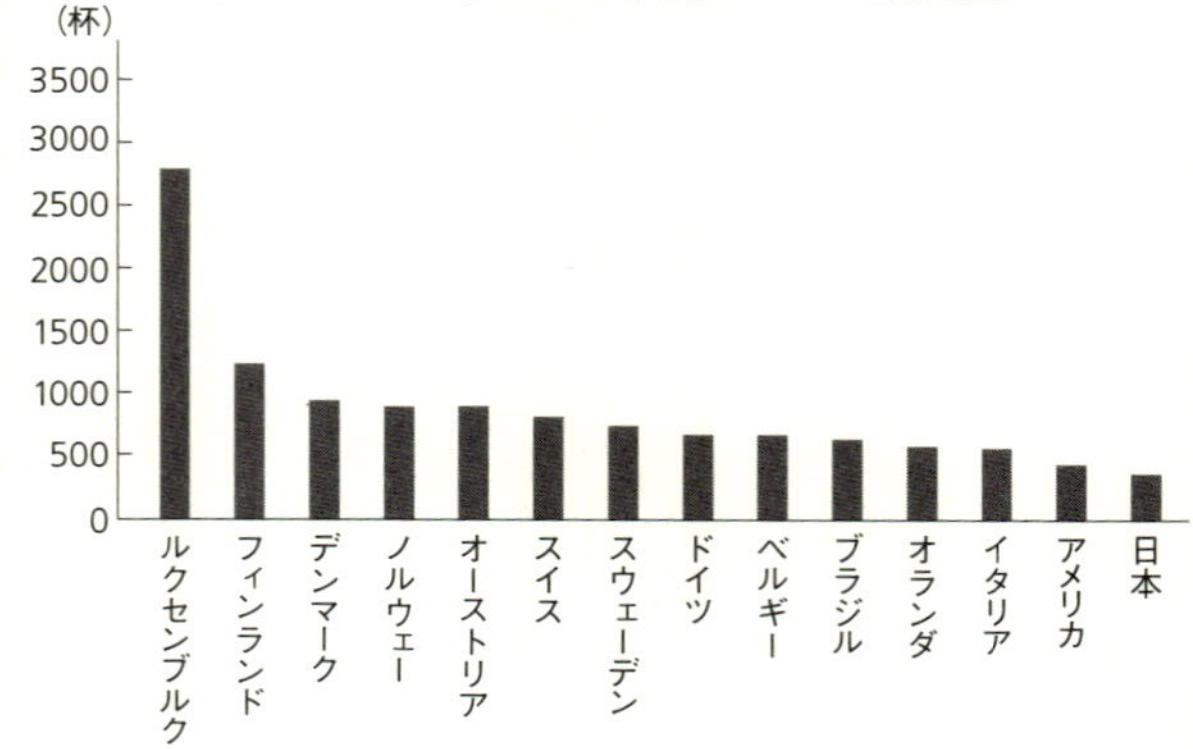

ICO〈International Coffee Organization:国際コーヒー機関〉
2014年7月の統計資料参照

仕入れる環境を作ることが重要です。

そのために何より大事なのは、正しいコーヒーの情報をもっともっと開示・発信することです。コーヒーがワインと同じように栽培環境や精選加工、保管方法によって品質の違いが生まれることを消費者のみなさんに理解してもらい、品質に見合った価格を払ってもらうように努力を続けることです。

そして、生産者には、目先の欲に駆られて品質を疎かにしないように理解を求めていかなければなりません。

こうした環境を整えてこそ、コーヒー栽培が持続可能となり得ます。

コーヒーはワイン同様フルーツからできている

第1章でも述べたように、コーヒーは農産物、フルーツです。工業製品ではありません。しかしながら、「コーヒーはフルーツ」だと認識している人はそう多くありません。

コーヒー業界は低価格商品を市場に送り込むため、あらゆる工程で機械化と短縮化を進め、大量生産をおこなっています。その結果、コーヒー豆本来の味わいや香りが破壊され、「工業製品」のようなコーヒーが市場に出回っています。

もちろん、安価なコーヒーも必要です。しかし、安くてもおいしいコーヒーを作ることは可能です。

ワインの価格は、1本1000円以下から100万円以上までピンからキリまであります。とっても手頃なテーブルワインでもおいしい銘柄もありますし、高いワインはそれ相応においしいものです。つまり、価格と品質の関係が明確になっています。

しかし、コーヒーの場合は、残念ながら消費者がどこにおいしさの基準を持っていったらいいのかわかりません。なぜなら、どこのコーヒー会社も自らの製品を「品質本位」「最高級」「品評会入賞」「こだわりのコーヒー」と謳っているからです。そこに焙煎の腕自慢が入るのですから、消費者は何を基準にしていいのかわからず迷うのは当然です。

ワインは、生産地で最終製品として瓶詰めされたものを輸入して楽しむものです。しかし、コーヒーは輸入した生豆を保管し、その都度焙煎して販売します。コーヒー屋は、消費者に対して焙煎豆の鮮度を強調するだけで、生豆である原料の鮮度のことはほとんど気にすることはありません。そのため、麻袋に入ったまま、常温で空気に触れ湿度や温度が変化する状態で保管しているのです。これでは、生豆は確実に劣化します。

2年も3年も前に品評会で上位入賞したコーヒーを、高い価格で販売しているのを見かけますが、生豆の状態で時間が経ち劣化している可能性があります。にもかかわらず仕入れた当時の価格がベースで、値決めされています。品評会に入賞したコーヒーだからと言って、その時点で品質が保たれている保証はありませんし、品質に見合った価格でもありません。

そもそも、本当においしいコーヒーを知らなければ、品質に応じた価格を支払う消費者は育っていきません。高価格のコーヒーをサービスしている高級ホテルや一流レストランでさえ、品質の良くないがっかりするようなコーヒーを出しているのですから、如何にコーヒー市場が成熟していないかがわかります。

ワインと比較すると、理解しやすいでしょう。

日本で喫茶店文化の華が開いた1970年代、日本のワインマーケットは、甘いデザートワインが主流でした。家庭でワインを飲む習慣もありませんでした。つまり、当時はコーヒーの方が嗜好性の高い飲み物だったといえます。それなのに、いつの間にかコーヒー業界自らが価値を下げてしまいました。

この頃から、各地でワイン教室が開かれるようになり、ワイン業界は積極的に消費者にアプローチし、情報を惜しみなく公開しワインファンを増やしていきました。

結果、おいしいワインを飲む機会が増え、人々の舌は肥えていきました。ワインに関する知識が深まれば、ワインへの興味も深まっていきます。品質に見合った価格であれば、誰もが納得してお金を出すようになり、そのときどきの状況に合わせ、テーブルワインから高級ワインまで使い分けるようになります。そして、ワイン市場は熟成され、ワイン好きが増え、日本人の生活にワインが浸透していきました。

同じ頃、コーヒー専門店のオーナーが焙煎に興味を持ちはじめました。

しかし、自身の店で提供するコーヒーは自分で焙煎しようとする専門店のオーナーに対し、コーヒー会社は何とかそれを諦めさせようとしました。情報を公開せず、自分で焙煎したいというコーヒー専門店のオーナーには、焙煎した豆と同じ価格で生豆を売るようなことまでして阻止しようとしたのです。

これが、日本において一般的にワインが嗜好品として社会的に認められたのに対し、いつの間にかコーヒーは工業製品のような扱いになってしまった一因です。

ワインを語るとき、「テロワール」という言葉が使われます。ワインの味や香りに大きな影響を与えるのがブドウの育つ土地であり、その土地に由来するワインの特徴をテロワールと呼びます。

ワインには、「FRANCE BORDEAUX CHATEAU MARGAUX 1998」というように、生産国、産地、生産者、収穫年などが明記されています。そして、その情報をもとに品質や味を見極め、品質に応じた価格を支払う市場が存在します。自宅で飲むワインはコストパフォーマンスの良い手ごろな価格のものを選び、特別な日や贈り物には、それに相応しいワインを選ぶ文化が育ちました。

コーヒーもワイン同様フルーツから作られ、ワインに劣らない奥深い飲み物であるにもかかわらず、コーヒー業界はこうした市場を作ってこなかったのです。

日常的に飲むコストパフォーマンスの良いコーヒーを購入する一方で、記念日などの特別な日に、奮発して最高級のコーヒーを購入することがあってもいいのではないかと、私はずっと思い続けてきました。

同じ農園内でも畑によって品質は異なる

コーヒーは畑に苗を植えて3年ほどで、真っ白な花を咲かせ、しおれた花が落ちた後に小さな青い実がなり、半年かけて熟していきます。この赤い実がコーヒーチェリーです。

1982年にジャマイカでの農園開発に関わって3年ほど経った頃のことです。

同じ時期に花が咲いたとしても、畑によって実が熟すスピードが異なり、コーヒーチェリーのサイズも甘さも違うことに気づくようになりました。

さらには、同じ農園内でも畑によって微妙に土壌の色が違うこと。日照時間の長い畑と短い畑があること。また、風の影響があるところ、ないところなど、わずかな差異にも気づきはじめました。そして、以前にも増して農園とコーヒーノキを注意深く観察するようになっていきました。

「コーヒー作りは本当に面白い」とのめりこみ、当然、それぞれの微妙な差異が品質に深く影響することを身を以て理解するようになったのも、この時期です。

「畑の環境で等級を付け、畑別に完熟のタイミングに合わせて収穫し、グレードを分けて売ったら、どんなおいしいコーヒーができるだろう」と思うとゾクゾクしました。ワインが当たり前にそうしているように。

それ以降、世界各国の農園を訪問しても、畑の見方が変わりました。そして、収穫のタイミングが品質に大きな影響を与えること、精選加工のさじ加減ひとつで同じコーヒーが別物になってしまうことも確信しました。さらには、生豆の日本までの輸送方法と保管方法が、出来上がったコーヒーの品質を決定付けることも当然のこととして考えるようになりました。

それからというもの、同じ銘柄だからと一括りにせず、畑ごとに収穫して、独自の品質規格を作り、特別な精選加工を施して輸出方法にも注意した製品を作って販売することを提案し続けましたが、受け入れられることはありませんでした。まだ、世界中で誰もやったことがなく、またそれを評価する市場もなかったからです。

何度も諦めかけました。しかし、すばらしい農園と出会うたびに、その農園の中で一番いい畑を探し出し、このコーヒーをコーヒー好きの人たちに飲んでほしいという思いは募っていきました。そして、それがコーヒーの価値を上げることにつながるのではと思うと、簡単にその思いを断ち切ることはできませんでした。

「誰もやらないなら、自分でリスクを冒してやるしかない」

そう決心し、２００７年10月、26年間お世話になったＵＣＣ上島珈琲株式会社を51歳で退職しました。

ＵＣＣ上島珈琲を退職した私はすぐ起業準備を始め、２００８年６月株式会社ミカフェートを設立。11月にはコーヒーセラーのあるカフェ「ミカフェート」を元麻布にオープンし、これまでにない品質を追求した「グラン クリュ カフェ」の販売を開始しました。

「グラン クリュ カフェ」は、「コーヒーのためにできることは、すべてやる」をコンセプトに、品質のために考えられるすべてのことを一切妥協せずに作ったコーヒーです。もちろん、一切妥協しないということは高価格になります。

私は高価格のコーヒーだけを作り販売したかったわけではありません。消費者のみなさんに、コーヒーにも品質のピラミッドがあることを知ってもらいたかったのです。

そのために、まずは頂点に相応しい最高品質の基準を示す必要がありました。そして、世界を旅して見つけた素晴らしい農園の中でも、さらに栽培環境に恵まれた「グラン クリュ（特級畑）」を選び、一番おいしいコーヒーが採れる収穫期のピークに完熟豆だけを集め、最善の精選工程を経て空輸したコーヒーを、世界ではじめてのコーヒーセラーで保管し、注文が入る度に焙煎しシャンパンボトルに詰めて発送するシステムを作りました。

シャンパンボトルの中にはコーヒーから発生した炭酸ガスが充満しています。この炭酸ガスこそがコーヒーの命ともいえるアロマです。栓を抜くと「ポンッ！」と勢いの良い音がし、コーヒーの香りに包まれます。この晴れやかな音と芳醇な香りが世界各地の特級畑で生まれたコーヒーを、最高の状態で製品まで仕上げた証です。

焙煎後のコーヒー豆から炭酸ガスが出て香りが抜けることは、コーヒー業界では一般的に知られています。しかし、これまでそれに構わず、製造ラインが作りやすくコストの掛からない方法で製品を作り販売してきました。

街では、よく陳列ケースや樽やザルに入ったむき出しの量り売り焙煎豆を売っている店を見かけます。でも、これでは炭酸ガスが放出し続けます。匂いに釣られてお客さんは集まるかもしれませんが、コーヒー豆の香りには限界があるでしょう。

また、ワンウエイバルブと呼ばれ袋内に溜まった炭酸ガスを放出するバルブ付きの製品もありますが、あれも結局ガスを放出させる考え方です。製造過程で窒素置換（窒素を注入して酸素を追い出す）してあればまだ良いのですが、それをしていない製品も多く、酸素が袋に残っていたら酸化してしまい全く意味がありません。

真空パックは、焙煎後２日間ほどガス抜きをしてから包装するため、残念ながら香りを楽しむことはできません。

品質のピラミッドを作りたい

シャンパンボトル入りの「グラン　クリュ　カフェ」を販売しはじめたころ、高価なコーヒーだけを売る会社だと誤解されてしまいましたが、それが私の目的ではないことはすでに述べた通りです。

ワインのように品質に見合った価格設定をし、品質に見合った価格で流通する市場を作ることが目的です。コーヒーの品質の基準を明確にしたかったのです。

手軽に飲めるコーヒーから、とっておきのときに飲むコーヒーまで、それぞれのシーンに合ったコーヒーを選べるように品質のピラミッドを作ること。つまり全てのコーヒーをおいしくすることが、私が作った会社、ミカフェート社のミッションです。そのためには、ピラミッドの裾野からはじめても理解しにくいので、ピラミッドの頂点からはじめたということです。

コーヒーは生産国ごとに等級の付け方が異なります。たとえば、ジャマイカのブルーマウンテン・コーヒーは、上からナンバー1、2、3と等級が付けられていますが、ハワイのコナは、ナンバー1の上に、ファンシー、さらにその上にエクストラファンシーという等級があります。世界の生産国のそれぞれの品質規格を全て知っているコーヒー関係者など、私を含めて誰もいないでしょう。それほど千差万別で統一基準がない世界なのです。

ただし、これでは消費者は混乱します。何を基準に選んだらいいのかわかりません。そこで、私は独自の規定で統一した品質規格を設定し、ピラミッドを作ることにしました。つまり、お客様が状況に応じてコーヒーを選ぶ際の基準となるピラミッドです。

「グラン クリュ カフェ」のあと、「プルミエ クリュ」「コーヒーハンターズ」と、3段階のグレードを市場に送り出してきました。そして、5年目からは業務用の「カフェ　ヌエボ」シリーズの販売も開始し、ピラミッドは4段階になりました。

明確な基準に裏付けられた品質と、その品質に見合った価格を設定したコーヒーを提案すれば、味の傾向や予算に合わせてコーヒーを選ぶことができます。そのコーヒーの価値に納得してお金を払う市場ができれば、生産者へも品質に見合った価格を払える仕組みが確立します。たとえば、ひとつの農園産のコーヒーでも、高度別、品種別、精選工程別で5種類のそれぞれ価格の違うコーヒーを販売しています。

そして、今、日本で起こっているフォースウェーブ、コンビニの淹れたてコーヒーが、裾野を広げる一翼を担っています。コンビニの淹れたてコーヒーは、単に手軽なだけでなく、コーヒーの基準になりつつあります。

100円ほどのコンビニコーヒーを基準に、300円、500円、1000円払う価値があるコーヒーかどうかを消費者は判断するようになっています。コンビニの淹れたてコーヒーによって活況を呈しているコーヒー市場。今後、この波をどういかしていくのか、コーヒー業界の真価が問われているのだと思います。

コーヒーの可能性は無限大です。コンビニコーヒーも家庭で飲むコーヒーも、まだまだおいしくなる余地を残しています。そのためには、生産者と共通価値を持たなければいけません。その点に於いては、生産者、特に零細農家の品質に対する認識が低いのが気になるところでもあります。

こだわるには理由《わけ》がある

2015年6月、私はある農園を訪ねるためコロンビアに向かいました。前年に見つけたその農園は、栽培環境に恵まれた上、生産者の農園に対する思いが随所に見受けられる管理のすばらしい農園でした。今回、その農園を訪問した目的は、購入すると決めた「毎朝、一番早く朝日が当たる畑」で育ったコーヒーの実の出来を確かめるためでした。

なぜ、その場所にこだわるのか。それは、朝日が一番早く当たることで温度が一気に上がるからです。コーヒーの品質には温度差が重要です。徐々に温度が上がっていくほかの畑にくらべ、朝日が一番早く当たる畑は一日の内でも大きな温度差が生まれるのです。

このように、コーヒー栽培に恵まれた農園でも、畑によって条件は変わってきます。「ベスト・オブ・ベスト」の品質を追い求める上で、農園の中の特級畑に赴きこの目で確かめることはとても重要です。農園を見れば、どの程度の品質のコーヒーが採れるか大体予想できますし、生産者に会えば、その農園のポテンシャルが掴めます。

そして、可能性があると判断したら、農園内を隅から隅まで歩かせてもらいます。畑ごとに顔が違います。その中で、ピラミッドのどこに当てはまるコーヒーができるか見極めていきます。

以下は、品質のピラミッドを作る上での最低限の基準です。

①畑の選別、単一農園、単一栽培種

絶対譲れないのは、単一品種栽培です。複数の品種が植えてある畑は、味がぶれます。そして、畑の環境に合った品種を選んでいるかも重要な点です。

②栽培方法を基準化〜果実の熟度

コーヒーはフルーツですから、完熟豆を摘めばおいしくなります。これは、低地でも高地でも同じです。

③精選方法を基準化〜乾燥方法、豆のサイズ、密度、欠点豆

コーヒーの品質と価値によって精選方法を変えています。乾燥方法も手間暇が掛かる完全天日乾燥、コストが抑えられる機械乾燥、もしくは両方のコンビネーションといった選択肢があります。ただし機械乾燥でも、低温で時間を掛けておこない、極力豆にダメージが少ないように心掛けています。

また、サイズ選別は、品種によって選ぶサイズを決めています。密度選別の精度も、最終精選も機械で欠点豆を取り除くか、熟練の人たちによる手選別にするか、すべて品質によって変わります。

④輸送方法を基準化〜空輸、またはリーファーコンテナ

通常、コーヒー豆は麻袋に入れ、常温コンテナで海上輸送されています。しかし、麻袋は匂いが強く油分を含んでいるためコーヒー豆の輸送には適していません。特殊なプラスチック製の袋を中に入れ、直接麻袋に豆が触れないようにしています。

最高級品の輸送方法は、全て空輸。そのほかの直接購入するコーヒーは、リーファーと呼ばれる温度管理ができる定温コンテナに入れて輸入します。

⑤保管方法を基準化～コーヒーセラー

入荷後は、品質と鮮度の劣化を防ぐため、生豆を即座に真空パックで小分けします。真空パックなので湿度の影響は心配なく、それを温度管理ができる倉庫で保管することで鮮度を保ちます。

⑥焙煎・包装方法を基準化

焙煎後の豆はまだ生きています。呼吸し炭酸ガスを放出し続けています。既存の包装方法はどれもガスを放出させて販売していますが、これでは、豆から炭酸ガスが抜けるとき、コーヒーの命ともいえるアロマ（香り）も一緒に逃し

厳重に温度管理されているコーヒーセラー

てしまいます。

そこで、アロマを維持したまま消費者の元に届けるために、ガスに耐えられるボトルに入れる加圧包装を開発しました。焙煎後急速冷却したコーヒー豆をボトルに入れ、そこに窒素を注入して酸素を追い出し窒素置換をおこなうことで、酸化を遅らせています。

しかし、コストが掛けられない業務用に開発した「カフェ　ヌエボ」は、窒素置換したワンウエイバルブ付きの袋での販売になります。

すべてのコーヒーをおいしくするために

こだわりを追求し過ぎるとそれ相応の価格になりますから、すべてのコーヒーで実現可能というわけではありません。あくまでも、「ベスト・オブ・ベスト」を追求するための基準です。

たとえば、コーヒーの品質には温度差が重要だといっても、すべての畑がその条件を満たせるわけではありません。一般的には、高品質なコーヒーは高地を好み、日中は暑くても湿度が低く、夜は涼しいところが適地であると言われていますが、すべての農園が高地にあるわけではありません。

中腹や低地の農園でも努力を惜しまずコーヒー栽培を続けている農園主や生産者は世界中にたくさんいます。そうした農園のものでも、ひとつひとつの工程にベストを尽くせば、間違いなく品質は向上します。

しかし、その価値を消費国のバイヤーや焙煎会社が認めてくれなければ、継続していくのは難しくなりますし、新たにチャレンジする生産者も現れません。

第2章で、「高地で収穫されたものでなければスペシャルティではない」というスペシャルティコーヒー信奉者について述べましたが、私はそうは思いません。低地なら低地の環境の中で、自然環境を守り労働者の人権を守りながら、管理の良い農園で育てられたコーヒーをていねいに精選したものは低地のスペシャルティです。中腹でも同じことが言えます。

彼らが作ったコーヒーが、コンビニやオフィスや学校、家庭で飲むデイリーの安くてそれなりにおいしいコーヒーになっていきます。

麻袋や木樽に入れてコーヒーを輸送する理由

伝統的にコーヒーは、麻袋に入れて輸送します。ブルーマウンテンだけは、木樽に入ってきます。

麻袋が使用されてきた理由は軽くて安いから。それだけの理由です。油や匂いが強く、湿度も温度も影響しやすい麻袋に入れて、しかもドライコンテナで40日も50日もかけて船便で送られてはたまったものではありません。輸送方法や輸送に使う包装資材を変えるだけで、格段に品質が良くなるというのに、コーヒー業界はコストや樽の付加価値を優先させてきました。

ちなみに、40フィートのコンテナに可能なだけ詰めて中南米から日本に船で輸送した場合、温度管理をしないドライコンテナと定温管理されたリーファーコンテナの生豆キロあたりの運賃の差額は20円前後です。この20円を惜しんでまで、品質よりコストを重視してきたのです。

木樽も同様です。ジャマイカでは伝統的にブルーマウンテン・コーヒーは木樽に入れて輸出することが決められていました。また、それが付加価値につながっていたとも言えます。しかし、伝統だと言っても、コーヒーの品質にとって何ひとつ良いことはありません。

私は、ジャマイカのコーヒー公社と数年にわたり交渉し続けました。結果、彼らは私の意見を取り入れてくれ、史上初、品質のために木樽以外でジャマイカからブルーマウンテン・コーヒーを輸出することに成功しました。ちなみにジャマイカでは、リーファーコンテナの手配ができないため、「グラン クリュカフェ」以外のコーヒーも空輸しています。

第4章

なぜ、JALのコーヒーがおいしくなったのか

認めてくれたのはコーヒー関係者以外だった

「品質の高いコーヒーだからと売れるとは思うなよ」

品質にこだわった「グラン クリュ カフェ」を作り、販売をはじめたころ、あるコーヒー関係者に言われたことがありました。

自家焙煎業者の中には、「どんな豆でも焙煎でおいしくなる」と未だに信じている人がいますし、抽出が全てだと言い切る人もいます。

世の中には誤ったコーヒー論が広まり、それを鵜呑みにしたコーヒーマニアには、私の考えはなかなか理解してもらえませんでした。そして、奇をてらってコーヒーをシャンパンボトルに入れて、高く売っていると思われていました。

そんな中、最初に「グラン クリュ カフェ」の価値を認めてくれたのは、ワイン愛好家の人々でした。「コーヒーもワインと同じなんだ！」その言葉を聞いたとき、ようやく理解者が現れたと嬉しくなりました。そして、次に認めてくれたのはシガー好きの人たちでした。つまり、嗜好品としてコーヒーを理解してくれたのだと思います。

嗜好品であるワインやシガーには品質ごとに価格が設定されています。そして、その価値に相応しい価格であると納得すれば、お金を払うのは当たり前の市場です。そんな、舌の肥えた人たちの間で、「いままで飲んでいたコーヒーとは、香りも味もまったく違う」と口コミで広がっていきました。

皮肉にも、「コーヒーのためにできることは、すべてやる」をコンセプトに作ったコーヒーを認めてくれたのは、コーヒー関係者以外でした。現状のコーヒー市場は、嗜好品というより穀物のような扱いになっていたのかもしれません。

世界で一番おいしいコーヒーをお出しする航空会社にしたい

２００９年、梅のつぼみが膨らみはじめたころ、「お客様に世界で一番おいしいコーヒーを提供する航空会社を目指したいので、ぜひ力を貸してほしい」と日本航空（ＪＡＬ）の取締役が訪ねてきました。

国内線のファーストクラスで、９月の１カ月だけ、「グラン　クリュ　カフェ」をお客様に提供したいと言うのです。前の項同様、コーヒー関係者以外が「グラン　クリュ　カフェ」を認めてくれたことになります。

本気でおいしいコーヒーを乗客に提供したいとの思いで私に声をかけてくれたことは、コーヒー屋としてとても光栄なことです。しかし、一切の妥協はしたくありません。そこで、私が納得のいくコーヒーを提供できるまで、ＪＡＬが一緒に実験と検証、そしてトレーニングをおこなうことを承諾してくれるなら、と伝えました。

すると、その取締役は全ての条件を受け入れ、全面的に協力すると約束してくれました。

さらに、当時、私は海外出張にはＡＮＡを利用していることも正直に伝えると、「だからこそ川島さんにやってほしいんです。ひとりの乗客として、川島さんがＪＡＬに乗りたいと思うようなおいしいコーヒーを提供するエアラインにしてください」と、その熱い思いをぶつけられました。

その日からＪＡＬと私は一心同体。お客様に最高のコーヒーを飲んでいただくため、空の上での挑戦がはじまりました。

機上でおいしいコーヒーを淹れるための実験と検証

まずは、機内をそのまま再現した羽田空港内にあるＪＡＬの訓練施設モックアップを訪ねました。同行したのは、石光商事株式会社の研究開発室室長（当時）の石脇智広氏。栽培から抽出に至る全工程を対象に、コーヒーを科学的に研究している、私がコーヒー業界で最も尊敬し、信頼している人です。

そこでは実際に提供しているコーヒーを飲み、ギャレー（飛行機内で食べ物の調理や準備をする場所）ではどんな器具を使ってＣＡ（客室乗務員）がコーヒーを淹れているのかを確認し、問題を洗い出しました。今回、「グランクリュ カフェ」を提供する路線は、羽田〜福岡、羽田〜伊丹、羽田〜千歳の三路線です。

検証によって明らかになった問題点は次の通りです。

① 気圧の影響で、沸点が85度である
② 機内は涼しいため冷めやすい
③ ギャレーはとても狭く、器具に制限がある
④ 限られた時間の中で誰が淹れても同じ品質を維持できるかどうか

技術的なことは、石脇氏の協力でクリアできると予想できましたが、機内での抽出と提供は実際にオペレーションをするCAの手に掛かっています。羽田～伊丹線の水平飛行時間はわずか20分ほど。短時間でのオペレーションにはCAの協力が不可欠です。

豆よりも粉の劣化速度が速いため、シャンパンボトル入りの豆でしか販売しないと決めていた「グラン クリュ カフェ」ですが、ギャレーの狭さ、水平飛行時間の短さ、豆を挽くときの音、ボトルの重さなどを考慮すると、豆を地上で挽いて軽量のペットボトルを使用せざるを得ないと判断しました。

しかし、粉の劣化を防ぐには最大限の工夫が必要です。そして、ここでもこだわったのが香りを保つための加圧包装です。加圧包装については追って詳しく述べていきます。

搭載方法が決まれば、次は抽出方法です。コーヒーを淹れる方法は透過式（ネル／ペーパードリップ、エスプレッソ等）と浸《しん》漬《し》式（サイフォン、フレンチプレス等）があります。一般的にはペーパードリップやフレンチプレスが手軽で扱いやすいとされています。ただ、揺れる機上でのドリップは危険だと判断しました。

そして採用したのがフレンチプレスです。フレンチプレスは、誰でもある程度安定したおいしいコーヒーが淹れられるという点も考慮してのことでした。しかし、フレンチプレスにはカップに微粉が残ってしまうという欠点がありますｓ。やると決めたからには一切の妥協はしません。極力、微粉をカップに残さないためにはどうしたらいいのかを考えました。

そして、挽いた豆をすべてふるいに掛け、微粉を極力取り除きました。しかし、酸素を取り除くために窒素を注入すると粉が吹き出してしまいます。そこで別の方法でボトル内の酸素を取り除き搭載することにしました。

こうして抽出方法、豆の挽き方、納品方法が決まりました。次は、いよいよ機上での実験と検証です。しかし、実際にお客様へのサービスをしている水平飛行時間が短いフライトで、実験と検証をすることは現実的ではありません。そこで、候補となったのが、国内でもっとも飛行時間が長い羽田～那覇間のフライトでした。

しかし、今回、「グラン　クリュ　カフェ」を提供するのは、三路線のファーストクラス。該当するフライトは国際線仕様の機材を使用しているとのことでしたが、羽田〜那覇間で国際線仕様の機材のフライトが飛ぶ日は限られているというのです。

同じ機材のフライトで実験しなければ意味がありません。そこで、国際線仕様のフライトが、那覇へ飛ぶ日程を事前に知らせてもらい、石脇氏と私はスケジュールを調整し、実験機材を抱えて羽田に向かいました。

該当するフライトに搭乗した私たちは、水平飛行になり、CAが乗客への飲み物のサービスをすべて終えるまで座席で待機します。そして、チーフCAからのOKのサインが出ると同時に頭上のロッカーから荷物を取り出しギャレーへと急ぎました。

いよいよ実験開始。まず抽出器から出てくるお湯の温度をチェックし、抽出後のコーヒーの温度は5分ごとに味と共に検証してデータにまとめていきました。カップに残った微粉の量をチェックすることも忘れてはいけません。手の空いたCAにも飲んでもらい、感想を聞き取るという作業を羽田〜那覇間でおこない、その結果を元に新たに試作品を作り再び搭乗。結局四往復しました。

狭いギャレーで実験と検証を繰り返す私たちに、CAたちが全面的に協力してくれました。そして、「JALのコーヒーのために、ほんとうにありがとうございます」と、CAのみなさんに言われるたびに励みになり、JALが本気で共に機上でのおいしいコーヒー作りに取り組んでいることを実感しました。

こうして、機上、地上で試行錯誤を繰り返しながら、納得できるコーヒーができあがっていきました。

機上で最高のコーヒーが味わえた日

２００９年7月22日、日本航空の取締役会でプロジェクトのプレゼンテーションと試飲がおこなわれました。ここで承認されれば、９月の実施が決定します。

取締役全員が実験と検証の結果できあがったコーヒーを「おいしい」と絶賛してくれました。CA出身の役員から、「こんなにおいしいコーヒーをお客様にお出しできるのは、すばらしいサービスです」と言われたときは、これでCAのみなさんにコーヒーを大切に扱ってもらえると確信しました。

こうして、2009年9月1日、JALの国内線三路線のファーストクラスで、「グラン クリュ カフェ」がサービスされる日を無事迎えることができました。

乗客として搭乗した機内でサービスされたコーヒーを飲んだ日のことを、私はときどき身が引き締まる思いで振り返ります。抽出からサービスまで、トレーニングを経て実際のオペレーションをするCAたちは、一切の妥協を許さない私のコーヒーの淹れ方をしっかり身につけてくれていました。

その日の朝、私も緊張して飛行機に乗り込みました。石脇氏と私を乗せた羽田行きのフライトは定刻通りに福岡空港を離陸。飛行機が水平飛行になると、CAがギャレーで乗客に提供する飲み物の準備をはじめました。

その瞬間、ファーストクラスの乗客たちが一斉に顔を上げました。いままで機内では体験したことのないコーヒーの香りに包まれたからです。その場にいた誰にとっても、機内でこんなに豊かなコーヒーの香りに包まれるというのは、はじめてのことだったのです。

私の席にもコーヒーが運ばれてきました。テーブルに置かれたコーヒーカップを持つ手が震えました。隣の席に座る石脇氏もゆっくりとカップを持ち、コーヒーを口にふくみました。

数秒後、私は石脇氏とがっちり握手をしました。そして、ゆっくりと最後までコーヒーを味わいました。その日は、機内ではじめて本当においしいコーヒーを飲んだ記念すべき一日となりました。

「鶴丸」と共に、ＪＡＬ全線のコーヒーをおいしくしたい

２０１０年の暮れ、再び日本航空の取締役がやってきました。

お客様からの、「いつも機内でおいしいコーヒーを飲みたい」との声に応えたいというのです。

２０１１年４月には、創業当時の精神に立ち戻り、新しいロゴマークを「鶴丸」にすることが決まっていました。それを機に、まず国内線に導入し、そして、近い将来には国際線全線に広げ、ＪＡＬを世界で一番コーヒーのおいしい航空会社にしたいので協力してほしいというものでした。

機内で提供するコーヒーのおいしさに徹底的にこだわってくれていることは、

コーヒー屋として実に光栄なことです。そして、期待に応えないわけにはいきません。

ＪＡＬ全線ということは、その量も然ることながら、均一の味と品質を保つことが重要になります。そこで問題になったのは、国内線には抽出器がついていない機材があるということです。本当は、レギュラーコーヒーで挑戦したかったのですが、ＪＡＬ側からは、機材によってコーヒーの味が変わるのは困るので、「国内線エコノミークラス向けに、おいしいＪＡＬオリジナルのインスタントコーヒーを作ってほしい」と依頼されました。

「インスタントコーヒーは誰が作っても同じだろう」と思う人もいるでしょう。そんなことはありません。原料次第でコーヒーの味も香りもガラリと変わります。さらに、気圧が異なると人の味覚も変化します。機上で誰もがおいしいと納得できる味を作り出すにはさまざまな工夫が必要です。そのために、原料探しからはじまりました。

そして、国内線エコノミーで提供するＪＡＬオリジナルのインスタントコーヒーを酸味のコーヒーにしようと決めました。コーヒーは、本来酸味を楽しむもの。酸味とは、古くなった豆や再加熱したコーヒーの酸化（酸っぱさ）とは異なることを多くの人に知ってほしかったからです。

さらには、CSR（企業の社会的責任）活動にもつながるコーヒーを提供するために、ニューヨークに本部がある環境・人権保護団体レインフォレスト・アライアンスの認証がついた農園産コーヒーを30％ブレンドすることにしました。

2011年4月、こうしてできあがったコーヒーのサービスが国内線全線ではじまりました。「お客様から、『最近、コーヒーがおいしくなったね』と、よく言われるようになりました」「年配の旅行客や修学旅行の高校生までが、ジュースや日本茶ではなく、コーヒーを飲むようになりました」という報告をCAから受けたとき、「おいしいものは誰にもきちんとわかる」と改めて感じたものです。

その年の夏直前、また取締役がやってきました。アイスコーヒーのサービスをはじめたいというのです。すでにアイスコーヒーの製造ラインは大手の飲料メーカーに押さえられている時期です。

急な申し出ではありましたが、何とかしたいと思い、すぐに石脇氏と味作りをはじめました。同時に、日本中を駆け回り、納得できる品質のものを作ってくれる製造ラインを探し出し、先に述べた通りレインフォレスト・アライアンスの認証のついたものを使用したアイスコーヒーが完成しました。

猛暑の夏、オリジナルアイスコーヒーは乗客に大好評。嬉しいことに、8月下旬には在庫がすべてなくなっていました。

2011年9月からは、国際線全線にコーヒープロジェクトを広げることが決まり、再び、羽田~那覇間を往復しながらの実験と検証が繰り返されました。気圧や温度変化に合わせて、ファーストクラス、エグゼクティブクラス（現ビジネスクラス）、エコノミークラスそれぞれで提供するコーヒーの抽出方法と製品形状を決めるためです。

そして、国際線のファーストクラスでは、「グラン クリュ カフェ」を提供することが決まりました。抽出方法は、2009年9月に国内線三路線で提供したフレンチプレスのノウハウを生かすことができます。

お客様ひとりひとりのトレーにフレンチプレスと、カップ&ソーサー、そして3分間の砂時計を載せてお出しします。さらには、ワイン同様コーヒー豆の生産国と生産者、豆の品種と収穫年を明記したリストを作って紹介し、ワインのように定期的に銘柄を変えることにしました。

国際線のエグゼクティブクラスと国内線のファーストクラスでは、世界のコーヒー生産国を旅して巡り合った珍しい品種や、独自の栽培方法で品質向上の努力をしている生産者が作る「コーヒーハンターズ」を採用しました。世界のコーヒー愛好家に、ＪＡＬの機内でもコーヒーの多様性を味わってもらいたいとの思いからです。

ただし、機上でのサービスに問題はつきものです。

ひとりひとりの乗客にフレンチプレスで提供するファーストクラスは問題ないのですが、エグゼクティブクラスでは、抽出器を使って1回で10杯抽出の製品を作りました。

食後に提供する際はこれで対応可能ですが、ほかの乗客が睡眠中の長距離で、ひとりの乗客からのリクエストに応えるときも10杯のコーヒーを抽出しなければばなりません。

そこで、ＪＡＬ側から1杯ごとにカップにかけて抽出するドリップバッグタイプのコーヒーの製造依頼がありました。1杯ごとなら余って無駄になることもありません。ただ、従来のドリップバッグタイプの製造方法では、私の納得できる味は出せません。

一般に販売しているドリップバッグタイプのコーヒーは、コーヒー豆を焙煎し、一日置いて粉砕します。さらに一日置いてガスを抜いてからパッケージングするためパッケージ資材の品質にもこだわらなくてすむ上、膨らまないので取り扱いが非常に楽です。しかし、これではガスが抜け、香りが軽減してしまいます。

私は、焙煎、粉砕、パッケージングを短期間でおこない、ガスを逃がさない状態でフィルムに入れてシールをすることにこだわりました。ただし、普通のフィルムとシールでパッケージしたドリップバッグタイプを搭載すると、内圧と上空の機内の圧に耐えきれず破裂する可能性があります。

そこで、この条件に堪えられるフィルムとシーラーを探し出し、試作品を作りました。その試作品をロンドン便に搭載して成田〜ロンドン間を二往復させ、品質の検証確認後、搭載を決めました。

こうした試行錯誤と検証の結果、国際線のエグゼクティブクラス用の「コーヒーハンターズ」のドリップバッグタイプのパッケージは無事完成。こだわり抜いた加圧包装のドリップバッグタイプのコーヒーを搭載することができたのです。

エコノミークラスは消費量も半端ではありません。そこで「ＪＡＬのいつも変わらぬおいしいコーヒー」をテーマに、石脇さんと味作りに奔走しました。使用するコーヒーは、経費の面からも一般流通品の中から選ばなければなりません。国際相場を見ながらその都度品質のよい豆を選び、一年を通して同じ味を保つため、味覚センサーを使って味の数値化をしました。

このＪＡＬのプロジェクトは、私が作りたかったコーヒーの品質のピラミッドの一例を具現化したとも言えるものです。国際線のファーストクラスでは、ひとりひとりにフレンチプレスで「グラン クリュ カフェ」がサービスされ、国際線のビジネスクラスと国内線のファーストクラスでは、「コーヒーハンターズ」が提供されています。

国際線のエコノミークラスでは、JALオリジナルのレギュラーコーヒー、そして抽出器のない国内線の普通席ではオリジナルのインスタントコーヒーをサービスしています。それぞれのクラスに相応しいコーヒーを妥協することなく提供することができました。

そして、このコーヒープロジェクト開始当初からこだわってきたレインフォレスト・アライアンスの認証がついた農園産のコーヒーは、2015年現在、国際線エコノミーで提供しているレギュラーコーヒーの40％、国内線普通席のインスタントコーヒーの100％、夏限定のアイスコーヒーの40％を占めています。

家庭で飲むコーヒーももっとおいしくなる

私がJALのプロジェクトでひとつひとつ検証し工夫をしていったように、家庭で飲むコーヒーもいくつかの点に気を付けるだけで、味も香りも格段にアップします。

まず、コーヒーの味と香りは、素材の力で8割が決まってしまいます。コーヒーを淹れる器具や技術の習得もコーヒーのおいしさには影響しますが、素材であるコーヒー豆が持つ成分以上のものは抽出されません。できるだけ欠点豆の少ない鮮度の良い豆を選ぶことが重要です。

真空パックで売られているものはお薦めしません。すでに、何度か述べているように、焙煎後の豆はまだ生きていて、炭酸ガスを放出し続けています。この炭酸ガスとともにコーヒーの香りを逃がさないようにすることが重要にもかかわらず、このガスを抜いてからパックをするのが真空パックだからです。

そして、第2章でコーヒー豆を買ってきたら、一旦それをお皿やトレーに広げ欠点豆をすべて取り除くことをお勧めしました。欠点豆は、渋みや雑味、えぐみの原因になりますので、これを取り除くことでクリアな味のコーヒーを飲むことができます。

また、「粉」より「豆」を選んでほしいのは、「粉」になった製品は欠点豆が含まれていてもわからないからです。

必要な量をこまめに購入し、開封後は1週間以内に飲み切るようにしてください。そして、開封後は密閉容器に移し替え、高温多湿を避け冷暗所で保管してください。冷蔵庫や冷凍室での保管は、出し入れの際の温度変化や容器を開けたときに発生する結露でコーヒーが劣化するのでお勧めしません。

おいしいコーヒーを淹れる基本は正確に量ること

豆を挽くのは抽出する直前。できるだけ挽きたての豆を使って淹れてください。このとき、挽いた粉を茶こしに入れ、軽く微粉をふるい落としてから抽出すると、さらにおいしくなります。

どんなにおいしいコーヒーでも、いやな酸味や苦味の成分を持っています。幸いなことにこのいやな要素は、水とコンタクトしてから成分として出てくるまでに時間が掛かります。

しかし、微粉はその成分が出やすい傾向にあります。面倒なようですが、このひと手間でいつものコーヒーが格段においしくなります。

また、同じ豆でも、状況に応じて挽き目を変えてみてください。粗く挽くことでさっぱりした味に、細かく挽くことで濃さが増しますから、その日の気分で変えてみても楽しいでしょう。

ワインのマリアージュは、食事に合わせて銘柄を変えますが、コーヒーの場合、挽き目を変えることで、スイーツとのマリアージュを楽しむこともできます。たとえば、ナッツやチョコレート系の甘いスイーツと合わせるときは細かく挽いたもの、和菓子などは粗く挽いたさっぱりとした味のコーヒーを合わせるなど、コーヒーの魅力と可能性を存分に引き出してみてください。

ドリップなど透過式の場合、コーヒーの抽出量によって、使用するコーヒー豆の分量は変わってきます。

まず、コーヒー豆を量るときは、コーヒーメーカーなどについてくる計量カップや計量スプーンで体積を量るのではなく、キッチンスケールなどの「はかり」で重さを量ってください。これは、豆によって密度が異なるため、同じ体積でも重さが異なるからです。

一日の寒暖差が大きい畑で育った豆は、熟すまでに時間を要します。そして、これがコーヒー豆の密度に関係してきます。生豆を手ですくえば密度が高くずっしり重い豆はすぐわかります。計量カップやスプーンを使い体積で量ってしまうと、同じ量でも重さが違うため、抽出液の濃さが違ってきます。

では、1杯のコーヒーを淹れるとき、何グラムのコーヒー豆を使用したらいいのでしょう。これは、私の会社のペーパードリップで抽出する基準ですから、あくまでも参考にしてください。

1杯（150㎖）のときは20グラム、2杯（300㎖）のときは36グラム、3杯（450㎖）のときは48グラムを目安にしてください。2杯、3杯を一度に淹れる場合でも、使用する豆の量を2倍の40グラム、3倍の60グラムにする必要はありません。むしろ、2倍、3倍と増やしてしまうと濃過ぎるコーヒーができてしまい、無駄にコーヒー豆を使うことになります。

たとえば、3人家族で毎朝3杯（450㎖）のコーヒーを淹れる場合、コーヒー豆の適量は48グラムです。それなのに、60グラム使用していると、年間12グラム×365日＝4380グラムも余分に使用していることになります。これは、500グラム入りのパック9個分に相当します。

しかも、この余分な量によってコーヒーが濃過ぎてしまうのですから、いいことは何ひとつありません。

さらに、そのパックの中に一定割合で欠点豆が含まれていて、それを取り除いたとしたら、コーヒーの味を落とす無駄なものにお金を支払っていることになります。多少価格が高くても、信頼できるところでコーヒー豆を購入することの意味は、こうした点からも理解していただけるでしょう。

また、コーヒー抽出に適正なお湯の温度は85～90度。お湯の温度が低すぎると抽出力が弱まりいやな酸味が出てしまいます。逆に、あまり熱いお湯で抽出すると苦みが増します。

その都度お湯の温度を計るのが面倒な方は、沸かしたお湯でサーバーを湯煎し、そのお湯をドリップポットに移し抽出してください。また、最初にお湯をさし、コーヒー全体が濡れたらそのまま30秒ほど蒸らしをするのもコツのひとつです。

コーヒーメーカーを使うことが多い家庭では、コーヒーメーカーはお湯の温度が高めになる傾向があるからといって、それを制御することはできません。しかし、蒸らしはできます。ちょっと面倒ですが、セットしてスイッチを入れてから10〜15秒後、一旦スイッチを切ります。そして30秒後に再びスイッチを入れると蒸らしをしたようになります。

もうひとつ、コーヒーメーカーの注意点ですが、ドリッパーをセットせずにお湯だけ出して、全ての穴から均等にシャワー状になってお湯が出ているか確認してください。水に含まれるカルシウムが詰まって目詰りを起こしている場合があります。これでは、良い豆を使っても台無しです。

また、コーヒーメーカーの保温機能を使うこともあるかもしれません。ただし、おいしいコーヒーを飲みたいのであれば保温機能は使わない方がいいでしょう。以前、ファミレスで保温機能の上に置かれているコーヒーサーバーから湯気が出ている光景をよく見掛けましたが、コーヒーは加熱すると酸化します。あんな煮詰まった酸化したコーヒーは、ミルクと砂糖なしでは飲むことは不可能です。

コーヒーメーカーで抽出したコーヒーは、保温機能は使わず、事前に湯煎した保温ポットに入れておくことをお勧めします。

また最近では、金属フィルターを使ったドリップもよく見掛けるようになりました。このときの注意点は、浸漬式のフレンチプレスと同じで、粗めに挽いて茶こしで微粉を取り除くと飲みやすくなります。

第5章

生産者と消費者は対等なパートナー

生産国ではおいしいコーヒーを飲むことはできない

生産国ではおいしいコーヒーは飲めないと言うと、多くの人が驚きます。「そんな馬鹿な」と疑う人もいます。しかし、中南米のほとんどの生産者は品質の高いものを販売し、自分たちが飲むのは売れ残った豆です。また、キリマンジャロやケニアで有名な東アフリカの生産国は、元々イギリスの植民地だったため、コーヒーよりも紅茶を飲む文化が根付いています。

おいしいコーヒーを知らなければ、おいしいコーヒーを作ることはできません。ですから、私が生産者を訪ねるときに持参するお土産は、彼らが作り私が製品にしたコーヒーです。抽出器具も持参し、彼らに飲んでもらうと、「おいしい」と驚きとても喜んでくれます。これも、コーヒー生産者と消費者をつなぐ架け橋としての私の役目です。

現在、タイやルワンダ、コロンビアなどの生産国で技術指導をしているのも、コーヒーで彼らの生活が豊かになることを望んでいるからです。

また国内では、東京大学東洋文化研究所の池本幸生教授と連携し、共同座長を務める「コーヒーサロン」を10年前から開催しています。コーヒーをテーマにそれぞれの分野で研究している専門家や、ビジネスでコーヒーに関わっている人々が、学際的にコーヒーを語り合い、それをコーヒー愛好家たちも聞くことができる場を作りたかったからです。正しいコーヒーの情報を共有し、サスティナブルなコーヒーを広めることが目的です。

タイの少数民族が作ったコーヒーがＭＵＪＩや東大で飲める

タイ王室メーファールアン財団が、１９８８年に「ドイトゥン開発プロジェクト」を開始しました。

タイ・ミャンマー・ラオスの国境をまたいだ通称「ゴールデン・トライアングル」と呼ばれる地域のタイ側に、ドイトゥン地区は位置します。この地域に暮らす少数民族は、長い間、貧困のために麻薬の栽培に頼った生活をせざるを得ず、世界最大のケシ（アヘンの原料）の生産地でした。貧困は少女の人身売買やエイズの温床にもなり、大きな問題となってきました。

貧困問題の解決と麻薬撲滅のために財団が中心となり、ケシに代わるコーヒーやマカダミアナッツなどの栽培を推進し、少数民族の人たちを雇用し、生活水準の向上と安定を図ってきたのが「ドイトゥン開発プロジェクト」です。そして、私は、タイ王室メーファールアン財団からの要請を受け「ドイトゥン開発プロジェクト」のコーヒーアドバイザーになりました。

歴史的に、タイでは平地で気温の高い南部でカネフォラ種（ロブスタ）を栽培していましたが、40年ほど前から山岳地帯の北部で品質の高いアラビカ種のコーヒー栽培をするようになりました。しかし、病気に弱いアラビカ種は、技術や情報のないこの地域では、一向に生産性も品質も向上しませんでした。

現在、3カ月おきに、タイ最北端のミャンマー国境にあるドイトゥン地区に赴き、栽培や精選加工に必要な知識や技術を農事普及員に教え、彼らと一緒に少数民族の村々を回っています。

「ドイトゥン開発プロジェクト」は現在第3期に入っています。現地の人たちの努力の甲斐もあり、男性雇用のためにコーヒーとマカダミアナッツ、女性雇用のために織物、サー紙（タイ伝統の原料を和紙の技術を使って漉いたもの）、陶器など、新たな技術の習得により高品質なドイトゥンブランドが生まれています。

財団のコーヒープロジェクト担当理事から、コーヒーアドバイザーのオファーがあった際、栽培、精選のアドバイスはもちろんしますが、同時に市場作りをしなければならないと提案しました。産地で栽培や品質の指導をし、数年後にその成果が出てからマーケティングをしても遅過ぎるからです。

もし、売れなかったらプロジェクトの意味はなく、元に戻ってしまいます。また、おいしくないコーヒーを、「貧困地区の可哀想な人たちが作ったから買ってあげましょう」という、上から目線の押し付けのコーヒーもいかがなものかと思います。

やはり、生産国と消費国は対等でなければいけません。おいしいコーヒーを作る生産者がいて、それを正しく評価し購入する消費者がいる市場を作ることが、サスティナブルなコーヒーだからです。

最初の訪問から帰国してすぐに、無印良品にこのプロジェクトの話をしました。というのも、その数カ月前から、無印良品の「Café&Meal MUJI」のコーヒーをおいしくする相談に乗っていたからです。

無印良品の動きは敏速でした。7月の私のタイ訪問に同行したいと申し出があり、4名の関係者がプロジェクトを視察しました。

そして、このプロジェクトをサスティナブルなすばらしい取り組みだと評価し、2014年9月の中旬から、「Café&Meal MUJI 南青山」のブレンドコーヒーとして、このドイトゥンとグアテマラのサン・ミゲルの2種類をブレンドしたものが飲めるようになりました。

このコーヒーは、発売直後からお客様の高い評価を得ました。その後、やはり私がお手伝いをしている知的障害者が働くコロンビアのフェダール農園産を加えてブレンド内容を小変更し、2015年3月からは「Café&Meal MUJI」全店で飲めるようになりました。

また、東京大学の池本教授がこの取り組みを学内でプレゼンし、2015年4月1日より東京大学オフィシャルコーヒーとして認定されました。現在「東京大学ドイトゥン・ブレンド・コーヒー」は、東京大学本郷キャンパス内 赤門北隣にある東京大学コミュニケーションセンターと、丸の内のKITTE 3階のIMT（日本郵便と東京大学総合研究博物館が協働で運営する公共貢献施設「インターメディアテク」）ブティックで発売されています。

ルワンダの奇跡を目の当たりにして

アフリカの中央に位置するルワンダは、１９９４年におよそ１００万人もの命が奪われたジェノサイド（集団虐殺）が記憶に残っている人も多いと思いますが、２０００年以降、ＧＤＰが年平均７～８％の経済成長を遂げるなど、「アフリカの奇跡」と呼ばれています。

ルワンダの主要な輸出品目のひとつはコーヒー。タンザニアのキリマンジャロなどにくらべ日本での知名度は低いのですが、高品質のコーヒーを生産する可能性を秘めた産地です。そして、ＪＩＣＡ（国際協力機構）がルワンダのコーヒー産業強化の可能性を探っており、徐々に活動が広まっています。

２０１２年、私は独立行政法人日本貿易振興機構（ジェトロ）の専門家として、はじめてルワンダを訪問しました。目的は、ルワンダコーヒーの日本向け輸出の可能性の調査でした。その際、「千の丘の国」と呼ばれる起伏のある土地、昼夜の寒暖の差と、農耕民族のルワンダ人に接し、コーヒー栽培のポテンシャルがあると確信しました。

一方、ルワンダコーヒーは生産方法や加工方法の技術的な遅れと、内陸国特有の陸送に掛かる時間とコストの問題、それに劣化のリスクがあることに気付きました。輸出を隣国ケニアのモンバサ港かタンザニアのダルエスサラーム港に頼らなくてはならないからです。

そして、再び、開発を担当とするＪＩＣＡからの要請で専門家としてルワンダを訪問した私は、ルワンダのコーヒー産業を支えている農家に、正しい栽培方法を理解してもらうには実績を示すことが大切だと感じました。だからと言って、私がずっとルワンダに滞在するわけにはいきません。

そこで、青年海外協力隊員の農業やコミュニティ開発の隊員をトレーニングして、彼らが担当する地域で農民と一緒に実践する案をＪＩＣＡに提案しました。２０１４年から、ルワンダに派遣される農業とコミュニティ開発の隊員は、派遣訓練期間中の2日間、東京にある私の会社で集中講義を受けてから赴任していくようになり、計4名がコーヒー隊員としてルワンダで活躍しています。

ルワンダの産地で小農家に向けて即席セミナー

ただし、もちろんそれだけでは不十分です。私も、できるだけ現地に赴いて直接指導をし、メール等で彼らからの質問に答える態勢を整え、隊員をフォローしています。

ルワンダ農業動物資源省のアグネス・マティルダ・カリバタ大臣にも、「ルワンダコーヒーを『涙のコーヒー』としてチャリティーで買ってもらうのでなく、品質を認めた上で買ってもらえるようにしたい」と伝えると同時に、国内市場の活性化を提案しています。

実は、ルワンダは有望な観光資源を持っています。多くの観光客がマウンテンゴリラを見るためにこの地を訪れる理由は、周辺諸国でおこなわれているゴリラツアーと違い、必ず遭遇できるのはルワンダだけと言われているからです。24時間態勢で訓練を受けたレインジャーがゴリラの集団の観察・保護をし、その上1日に受け入れるツアー客の数を制限し、ゴリラのすみやすい環境を作る。そして、レインジャーに案内された観光客が、ルールを守りながらゴリラに出会います。これこそがサスティナブル・ツーリズムです。

しかし、ゴリラを保護しながら観光客が楽しめる態勢を維持するには費用がかかります。そのためツアー料金も１人約８００ドルと高額ですが、世界中から集まる観光客でツアーはいつも完売状態です。私も、まだ一度も参加できないほどです。

ルワンダでお金を使ってくれる世界中からやってくる観光客こそ、ルワンダコーヒーの最大で最高の顧客になります。だから、「もっと国内のホテルやレストラン、そしてお土産用のコーヒーをおいしくしましょう」と大臣に提案しています。

観光客が、泊まったホテルや食事をしたレストランで、ルワンダコーヒーのおいしさを知ったら、お土産用に購入するようになります。観光客自らが運んで、それぞれの国に持って帰ってくれれば、内陸国の問題もクリアできます。そして、お土産をもらった人たちは、おいしいルワンダコーヒーのファンになり、自国で買えるコーヒー屋さんを探すことになるでしょう。

しかし、残念ながら、いまのルワンダ国内市場の現状はミルクと砂糖をたっぷり入れないと飲めない代物です。いま、ＪＩＣＡと一緒にどうやってこの問題を解決するか考えています。それが我々の次のタスクだからです。

また、ルワンダコーヒーを受け入れる市場作りも重要だと考え、日本各地でルワンダコーヒーをテーマにした講演会「ルワンダコーヒー　涙を越えて」を東京大学コーヒーサロン、JICA、日本サステイナブルコーヒー協会の共催で開催しています。そして、セミナー参加者からの募金で購入した「剪定バサミ」を各隊員が指導する農家に配り、実際の作業に使ってもらっています。

ちょっと脱線しますが、ルワンダでは毎月最終土曜日の午前8時から11時まで国民の18歳以上65歳までの健康な人が道路や公園の掃除、土木作業などの社会奉仕をする「ウムガンダ」が義務付けられています。はじめてルワンダを訪れたとき、首都の街中も田舎の道路もゴミが落ちていないことに驚き、案内してくれたルワンダ人に訳を聞いてもう一度驚きました。大統領も大臣も、さらに軍人も一般市民も全員参加するそうです。

この日、8時を過ぎると、一斉に作業がはじまり、閑散とした道路では警察官がたまに通る車やバイクを止めて職務質問をしています。大虐殺の悲劇を背負った国だからこそ、民族の垣根を越えてルワンダを愛するようにしたいと、大統領が考えた施策だということです。

強力なリーダーシップの下、悲しい歴史を乗り越えたルワンダの人たちが作るコーヒーが世界中の人に届く日は、そう遠くなさそうです。

うちのコーヒーをおいしくしてほしい

最近では、「うちのコーヒーをおいしくしてほしい」という相談が増え、さまざまな場所や会社のプロデュースをするようになりました。

何度も述べてきたように、私は価格が高い最高級のコーヒーだけを作っているのではありません。ワインのように、その時々のシーンや場所に相応しいコーヒーを、品質に見合った価格で味わってほしいのです。

東京都北区にある国立印刷局や新宿伊勢丹の社員食堂でも私がプロデュースしたコーヒーが飲まれています。地方の「道の駅」でも特徴のあるコーヒーをプロデュースしてほしいという依頼があり、愛媛県八幡浜市の「アゴラマルシェ」や広島県の「道の駅世羅」にオリジナルブレンドを作りました。

軽井沢の星野リゾートが経営する高級フレンチレストラン「Yukawatan」は、

開業する前に浜田統之総料理長が私の元を訪れました。そして、料理長直々に、料理に合ったコーヒーをプロデュースしてほしいと依頼されました。2010年のことです。何度も軽井沢に通い、浜田料理長の料理を食べながら一緒に味作りをしました。

また、2011年には、「ミシェル・ブラスロトーヤ ジャポン」でも採用が決まり、これをきっかけにザ・ウィンザーホテル洞爺のラウンジでも私がプロデュースしたコーヒーが提供されるようになりました。

そして、同じ頃、東京のリーガロイヤルホテルからも話がありました。東京では、はじめてのホテルのお客様でした。そして、現在では大阪のリーガロイヤルホテルのラウンジでも「グラン クリュ カフェ」が提供されています。

また、ショコラのジャン＝ポール・エヴァン氏も私のコーヒーの価値を認め、元麻布の私の店を訪れて、コーヒーを絶賛してくれました。このきっかけを作ってくれたのは、開業して間もない頃、新宿伊勢丹でおこなった試飲イベントで、私のコーヒーの品質を認めてくれた美食の王様、来栖けいさんでした。その後エヴァン氏は、私のコーヒーのためにショコラを作ってくれ、さらに全国のジャン＝ポール・エヴァンのカフェのコーヒーを任せてもらえるようになりました。

フランス人では、エコール・クリオロのサントスシェフも、同じようにコーヒーの価値を理解してくれました。

現在、私の会社では、一般的にいう営業活動はしていません。数年前、大量にコーヒーを消費するお店から、コンペに参加しないかとの誘いがあり、あまり乗り気がしないまま参加しました。結果は惨敗です。信じられないような安い価格を提示した大手に敗れました。

そして、反省しました。ミカフェートの強みは品質であって低価格ではないと。その日から、一切の営業活動をしないと決めました。真剣にコーヒーをおいしくしたいという志の高いお店や経営者から相談を受けたとき、お手伝いしようと決心しました。

さらには、大手のように機械の無償貸し出しもしません。私が会社を作った目的は、安いコーヒーを売ることでも、無償で機械を用意することでもありません。お店のニーズに合ったコーヒーをお店と一緒に作り、お店のスタッフの抽出トレーニングをし、定期的に機械と水とコーヒーのアジャストメントをすることで、味の担保をおこなうことが私の目指すサービスです。

その後、口コミで新規のお客様からの相談が相次ぐようになりました。

後日談ですが、コンペで勝ったお店から本物のコーヒーを提供したいと連絡があり、現在では全てのコーヒーを卸すようになりました。やはり決定権のある人がその気にならないと、お店のコーヒーは変わりません。

これってコーヒーの銘柄？　それとも製品名？

コーヒー豆の銘柄は、おもにそのコーヒーが採れた国の名前、地域の名前、山の名前、港の名前からきています。たとえば、ブラジル、コロンビア、ベトナムなどは国の名前。トラジャ、ハワイ・コナ、モカハラーは地域の名前。ブルーマウンテン、キリマンジャロは山の名前。サントス、モカは港の名前です。

そして、それぞれに定義があります。

たとえば、地域の名前を付ける場合、トラジャはインドネシアのスラウェシ島のトラジャ地区で採れるコーヒー豆。ブルーマウンテンはジャマイカのブルーマウンテン地区で生産されたコーヒー豆。モカハラーはエチオピアのハラー地区で生産されたコーヒー豆というように、です。

ちなみに、エメラルドマウンテンブレンドというコーヒー飲料がありますが、エメラルドマウンテンという山は実際には存在しません。これは、コロンビアの至宝エメラルドとアンデス山脈にちなんで、マーケティング戦略で名付けられたようです。

どんな銘柄のコーヒーを選ぶかはお好み次第ですが、同じ銘柄でも格付けや等級が細かく分かれています。採れた農園、収穫年、輸送や保管の状態で品質に差が出るのはすでに述べた通りですので、信頼できる店での購入をお勧めします。

ブルーマウンテン高騰のウソ、ホント

「２０１４年のブルーマウンテンの生産量は前年比半減。生産量がピークだった２００７年の５分の１に減少し、需要がひっ迫しています」これを理由に、

店頭で見かけるコーヒーの主な銘柄

生産国名	ブラジル／グアテマラ／コロンビア／エルサルバドル／コスタリカ／エチオピア／イエメン／ケニア／タンザニア／ルワンダ
地域名	スマトラ、ジャワ、トラジャ、カロシ（すべてインドネシア）／アンティグア、ウエウエテナンゴ、アカテナンゴ（すべてグアテマラ）／モカハラー（エチオピア）／コナ（ハワイ）／セラード（ブラジル）／ナリーニョ（コロンビア）
山名	ブルーマウンテン（ジャマイカ）／キリマンジャロ（タンザニア）／ケニア山（ケニア）／マウントハーゲン（パプアニューギニア）
港名	サントス（ブラジル）／モカ（イエメン）

コーヒー会社各社が次々と値上げや販売中止を発表。実際、ブルーマウンテン・コーヒーの輸出価格は前年の倍近い水準まで高騰しています。

そして、その理由を２０１２年10月にジャマイカを襲ったハリケーン「サンディ」による被害と、コーヒーの葉を枯らせてしまうサビ病の蔓延、さらに、コーヒーの実を食べてしまう害虫ＣＢＢ（コーヒー・ベリー・ボアラー）の複数の要因が重なった結果だと大手コーヒー各社は発表しています。

果たして、それが本当の理由なのでしょうか。

１９８１年から7年半ジャマイカに住み、ブルーマウンテンの農園開発と買い付けに従事し、現在も現地と直接取引をしている私は、２００８年以降に起きた事件が現在のブルーマウンテン・コーヒーの品薄と高騰の原因だと思っています。

その原因をまとめてみましょう。ブルーマウンテン神話が生きていたころ、日本人バイヤーは頻繁にジャマイカを訪問し競って購入していました。すると、一部の欲深い生産者が低級品との抱き合わせ販売をおこなったり、手付金を受け取っておきながらコーヒー豆の引き渡し不履行をおこなったり、中には計画倒産してしまった会社もあります。

1988年のハリケーン「ギルバート」の直撃で全滅したブルーマウンテンは、1992年以降復活し徐々に生産量を増やしていきましたが、2008年のリーマンショックで経済が冷えきったため、日本人バイヤーがピタリとジャマイカに行かなくなり、いろいろ理由を付けて買い渋るようになりました。すると、ジャマイカのコーヒー関係者の日本詣でがはじまりましたが、デフレ経済に入った日本では結果は出ません。当然のことながら、精選・輸出業者は農家からの買い上げ量を減らし取引価格は下がり、小農家のコーヒー離れが加速していきました。

そのころ、日本の輸入商社や焙煎会社は、売れ残った倉庫に山積みにされたブルーマウンテン・コーヒーの在庫を売り切ろうと躍起になっていました。倉庫に置いておくだけで金利も倉庫代も嵩んでいきます。そして、温度も湿度も管理されていない倉庫で劣化したブルーマウンテンが、高い価格のまま平然と販売され続けました。

結果、愛好家のブルーマウンテン離れが起こりました。また、新しく参入した自家焙煎の人たちからは、ブルーマウンテンは最初からたいしたコーヒーではなく、ただの神話だとまで言われるようになりました。

２００７年以降、生産量が５分の１にまで落ちた最大の理由はハリケーンでも、サビ病でも、ＣＢＢでもありません。生産者が減ったからです。そして、ブランド力も低下してしまいました。

以前は、ブルーマウンテン・コーヒー総生産量の95％が日本向けの輸出でしたが、いまでは65％前後に下がっています。そして、ヨーロッパやアメリカ、韓国への輸出量が年々増加しています。

ブランドに胡坐《あぐら》をかいていたジャマイカの一部の生産者と、品質は二の次で金儲けに狂騒した日本のコーヒー会社がブルーマウンテン・コーヒーの神話を崩壊させてしまったのです。

ハワイのコナ・コーヒーも同じ道を歩み、また、昨今話題になっているゲイシャ種も、いつか同様の事態に陥るのではと危惧しています。

ただし、いまでも篤農家が作ったブルーマウンテンは、さすがコーヒーの王様と言われた品質を維持し、誇りを持っておいしいコーヒーを作り続けています。

コーヒーのCMや商品に首をかしげる理由《わけ》

テレビで放映されているコーヒーのCMを観て驚くこと、販売されている商品を見て首をかしげることはしばしばです。

「ロブ（ロブスタ）とアラビカの融合」などというコピーを耳にするたびに、CMディレクターはコーヒー専門家ではないかもしれませんが、そのCMを発注しているコーヒー会社や飲料メーカーの広報担当者でさえコーヒーをわかっていないのでは……と、がっかりします。

消費者を侮ってはいけません。「あのコーヒーのCMちょっと変ですよね」とコーヒー愛好者から聞かれるたびに、こうしたCMを平気で流しているコーヒー会社の姿勢を甚だ疑問に感じてしまいます。

商品でも同様のことが言えます。たとえば、最初に収穫した初摘みコーヒーならではの若々しい香りと上品な酸味、コクが味わえると銘打った商品もありますが、私は初摘みのコーヒーを買い付けることはありません。

コーヒーの花は一斉に咲くわけではありません。何回かに分かれて咲いていきます。まずは、いくつかの小さな開花があり、ピークの開花を迎えます。そして、再び小さな開花を経て開花期が終わります。花の命は短く3日ほど。しおれた花が落ちたあとに青い実がなり、半年ほどかけて赤く色づいていきます。そして、花の咲いた順に収穫を迎えます。

生産者が一番大切にするのは、ピークの開花で生まれたチェリーです。なぜならたくさん採れるからです。この実のために肥料を撒き、病虫害から守っていきます。わずかしか採れない初摘みのコーヒーには、手を掛けません。こうした理由から、私は、どのグレードのコーヒーでも買い付けるのはピークの収穫物と決めています。

新茶が好まれる日本茶の発想で初摘みコーヒーを販売しているのかもしれませんが、コーヒーでは当てはまりません。

終章 コーヒー屋ほど面白い商売はない

最終章では、ジャマイカ、ハワイのコナ、インドネシアのスマトラでの農園開発など、コーヒー屋としての私の半生をまとめていきます。振り返ればすべてが貴重な体験でした。そして、改めてコーヒー屋になって良かったと思います。なぜなら、コーヒー屋ほど面白い商売はないですから。

秘密兵器って、私が？

1981年8月、ロサンゼルスではじめてUCC上島珈琲株式会社の創業者、上島忠雄会長（当時）に会ってから2カ月後、エルサルバドルの内戦激化により帰国を余儀なくされました。

帰国してすぐ、ロサンゼルスでの約束通り上島会長に連絡を取ると、「よう帰ってきた。お前やったら引き受けてくれると思ってたわ。明日、神戸にきてくれ」と、本社に呼ばれました。

翌日の朝礼。私は社員を前に会長から次のように紹介されました。

「ついにジャマイカに自社農園を持つことになった。この日のためにエルサルバドルに秘密兵器を送り込んで、5年間コーヒー栽培の専門家を育ててあげていた。本日、その秘密兵器をお披露目するときがきた。では、川島君、ひとこと」

「秘密兵器？　……私が？」とんでもない紹介のされ方に驚きましたが、覚悟を決め、「秘密兵器の川島です」と自己紹介をしました。

「初の海外進出、それもコーヒー農園開発に多くのプロパーの社員が手を挙げる中、いきなり中途採用の川島さんを送り出しては、社内的にも仕事をしにくくなるだろうという会長の配慮ですから理解してください」と、後から秘書に耳打ちされました。

１９８１年11月25日、ＵＣＣ上島珈琲の社員となった私は、ブルーマウンテンでの農園開発を任され、成田国際空港からニューヨーク経由でジャマイカに向け飛び立ちました。25歳のときでした。

もちろん、そのときは22年にもおよぶジャマイカ、ハワイのコナ、インドネシアのスマトラ島での農園開発が待っていようとは夢にも思っていませんでした。

ブルーマウンテンの産地ジャマイカでの農園開発

ブルーマウンテンの産地として有名なジャマイカで、私を待ち受けていたのは、強烈な暑さと日々の生活もままならないほどの治安の悪さ。食料品も日用品も不足し、スーパーマーケットの棚はどこも空っぽ。停電も断水も日常茶飯事という生活でした。

しかも、初日から「ストライキ中、賃金をアップしなければ働かない」と一筋縄ではいかない農園労働者たち。彼らが私に従い、忠実に働くようになるには、コーヒー栽培に関する知識が豊富で、技術が彼らより上回っていることを現場で示していくしかありません。

インターネットも携帯電話もない時代。日本とのやりとりはすべてテレックス。国が違えば農業政策も制度も異なり、自然環境や文化、考え方も習慣も違います。世界に名立たるブルーマウンテンですが、実は栽培技術は驚くほど遅れていました。

そこで、苗作りから着手し、ジャマイカ人スタッフに健康な苗を作ることの重要性を教えました。また、急勾配のブルーマウンテンの山で、どうやってエロージョン（土壌流亡）が起きにくい畑を作るか。さらに、植え付けからシェードツリー（日陰樹）の枝打ち、コーヒー樹の剪定を教えていくうちに、徐々に彼らとの信頼関係が築かれていったのです。

UCC上島珈琲が購入した農園は3カ所で、計1050エーカー（東京ドーム約97個分）。しかも、急斜面のため機械化は不可能です。

植え付けの際に元肥として有機肥料を使いたかったのですが、養鶏場もほとんどなく鶏糞も入手不可能でした。稲作もしていないので堆肥作りの材料が見つかりません。そこで思いついたのが、競馬場です。さすがイギリスの植民地だけあって、ジャマイカでも競馬は盛んにおこなわれていました。

厩舎に行き、馬糞を分けてもらえないか交渉しました。

最初は、いきなり馬糞を分けてくれと訪ねてきた東洋人を相手にしてくれませんでした。しかし、ブルーマウンテン・コーヒーの開発に使うと説明すると、「おー！　新聞で見たよ。日本から開発に来たのは、あんたたちか！」と快く分けてくれました。そこで、スタッフと一緒に定期的に農園のトラックで、厩舎通いがはじまりました。

半年に一度、視察に訪れる上島会長は実に厳しく、何度も「一体全体、お前は何をやっとんねん！　お前なんか死んでまえ」と大声で怒鳴られました。また、一方で、「お前やったらできる」「思いっきり暴れ回れ。責任は全部わしが取る」と励まされもしました。

私がジャマイカに赴任して1年後の1982年11月、開発中のチャッツワース農園のスタッフから無線連絡が入ります。

「火事です！」

ジャマイカでは、乾期にはあちこちで山火事が発生します。私が管理していた農園内での火の不始末が原因ではありません。隣接する農園からの延焼や道路に投げ捨てられたタバコが原因なのですから残念です。

しかし、農園で火災が発生したら、つべこべ言っている暇はなく、消防署に連絡してもまったく当てにならないため、自分たちで消すしかありません。全員総出で燃えている風下に回り、火に向かって下草を刈って防火帯を作ります。刈った草を積み上げてそこに火をつけ、燃やした下草と風上から迫ってくる火をぶつけ火を消すという方法で火の手を防ぐのです。
労働者たちの必死の消火活動により何とか数時間で鎮火したものの、植えた苗の半分ほどが燃えてしまいました。

１９８３年５月には、数日前から続いていた原因不明の身体のだるさと微熱で農園の斜面を登りながら意識を失いました。１９８３年といえば、東京ディズニーランドが開園した年です。

ピックアップトラックの荷台に置いたマットレスに寝かされ、身体が車外に飛び出さないようにロープで括りつけられた状態で意識が戻りました。労働者たちが慌てて山道を走り、首都キングストンの病院に運んでくれましたが、そこで受けた診断が「黄熱病の疑い」。そのまま地下の病室に隔離されました。

検査結果はA型急性肝炎。「ここでは抗体ができたかどうかを調べることができないので日本に帰った方がいい」とドクターに言われました。しかし、長時間のフライトに耐えられる体力ではありません。体力が回復するまでジャマイカで１カ月入院し、その後、ニューヨーク経由で日本に一時帰国しました。

1984年と1986年には、隣の農園からの延焼で、3農園の中でも一番重要だったクレイトン農園の畑が火事になり、丸2日間、不眠不休の消火活動が続きました。

1988年9月8日には、20世紀最大といわれるハリケーン「ギルバート」が大西洋で発生。11日には、885ヘクトパスカル、最大瞬間風速95メートルのかつて経験したことがないハリケーンがジャマイカを直撃。CNNの警戒警報は真っ赤になりました。

収穫を控えていた農園はコーヒーノキがすべてなぎ倒され、立っている木が1本もないほどの無残な状況を目の当たりにし、頭が真っ白になりました。

収穫期に入ったばかりの木にはたくさんの実がついていたため、倒れている木をそのままの状態にしておこうとする生産者が多くいました。少しでも収穫して現金に換えようと考えたのでしょう。しかし、そんな状態のままでは、実が熟す前に木が死んでしまいます。

その年の収穫は諦め、できるだけ早くカットバック（地表30センチ前後で幹を切り、新芽を出させて新しい幹を生長させる方法）をし、木の負担を軽減させるべきなのですが、誰も私の話を聴こうとはしませんでした。

私が管理する農園はすぐに労働者を集め処理したので、２年後には例年通りの収穫量を確保することができましたが、多くの農園が木を枯らしてしまいました。

農園が完全武装の強盗団に襲われたこともあれば、山中で身の危険を感じる脅しに遭ったことも一度や二度ではありません。でも、私はコーヒー農園が好きでした。

開花期のジャスミンのような香りに包まれた畑。収穫期、たくさんの労働者が働く躍動感溢れる畑。清々しい空気と熱帯の太陽。そして、夜露に濡れた朝日が当たる畑。すべてが何ものにも代えがたい気持ちにさせてくれました。

次なる舞台はハワイ島コナの溶岩台地

１９８９年３月、32歳のとき、次の赴任地ハワイ島のコナに向かいました。

飛行機が着陸態勢に入り下降をはじめると、窓からは見渡す限りの溶岩台地が見えました。今度の舞台は、標高2521メートルのファアライ山の斜面にある農園です。

ブルーマウンテン山脈ほど険しくはありませんが、溶岩に覆われた土地に畑を作るという、今まで経験したことのない開発が待っていました。

溶岩を移動させ、その下にある土地を掘り起こして岩と反転させ整地する作業が続きます。時々、ブルーロックといわれる硬い岩盤が顔を出します。ブルドーザーでは歯が立ちませんから、ダイナマイトで爆破していきます。これもいい経験になりました。

どこの国でも畑作りで注意しなければならないのが、水の処理です。降った雨水が集まると、すごいパワーを発揮して表土を流してしまいます。雨水を1カ所に集中させないように、集めた溶岩を帯状に敷き詰め、その上に土を被せ盛土を何カ所も作り、1枚の畑ごとで水を地面に吸収させていきます。

さらには、自社農園の収穫だけでは本社の需要をまかなえなかったため、ほかの農園からコーヒー豆を買い付けることも私の大きな仕事でした。

「コナのコーヒー生産者の競争相手になったらあかん。早く現地に溶け込んで、豆を積極的に買うたるんや」

コーヒー事業に夢とロマンをかけた明治男の上島会長の眼差しは、ハワイに移民した同胞たちに向けられていました。

１９９３年10月、農園スタッフひとりひとりを大切にしていた上島会長は「農園をよろしゅう頼むわ」の言葉を遺して享年83歳で旅立ちました。そして、コーヒー事業に人生のすべてをかけた上島忠雄会長と過ごした時代が幕を閉じました。

会長には、本当によく怒鳴られました。

「会長はお前のことが好きやったんだ。お前はアホになれるからや。お前みたいに本音でぶつかってくるアホな奴が好きなんや」

告別式のとき、良き理解者だった上司に言われた言葉が今でも耳に残っています。

インドネシアのスマトラでマンデリンを復活させたい

１９９５年、私が39歳のとき、創業者の遺志を継いだ上島達司社長（当時）

が、インドネシアのスマトラ島での第3の農園開発を決定。その開発を任され、ハワイ島をベースにスマトラへの定期出張がはじまりました。

ハワイ島のコナからオアフ島のホノルルへ飛び、ホノルルから成田国際空港へ。成田で乗り継いでシンガポールへ向かい、そこで一泊してスマトラ島の北スマトラ州都メダンに到着。メダンで食料や日用品を購入し車に積み込み、トバ湖の北側を回り、車で4時間かけてダイリ県のシディカラン市に到着。さらに悪路を1時間半ほど走ったところにある農園へ向かうという行程を、2カ月に一度のペースで繰り返しました。

クタクタになって辿り着いた私を待っているのは、ホテルでもゲストハウスでもなく粗末な掘建小屋。もちろん、電気も水道も通っていませんし、最初の数年間は寝袋での生活でした。

仕事が終わると日が暮れる前に、ドラム缶に溜まった雨水で身体を洗いますが、南国とはいえ海抜1200メートル。最初の1杯をかぶるのに決心がいりました。本社から視察にやってきた社員たちは、農園をざっと眺めると、一刻も早くその場を去りたがったものです。

しかし、農園開発に携わっている私も日本人部下も、農園にいられることを何よりのしあわせだと思うほど根っからのコーヒーマンでした。

コーヒーの味や風味は、生産国や品種によって異なる

ジャマイカのブルーマウンテンは甘み、ハワイのコナは酸味、スマトラのマンデリンは苦みのコーヒーの代表格です。

しかし、当時、マンデリンの特徴である苦みと風味がなくなり、サッパリとした味に変わっていることが、私には気になっていました。その原因を探るべく聞き取り調査を開始。すると、マンデリンの栽培、精選技術が昔とかなり変わっていることがわかりました。

そこで、伝統に則ったマンデリンの作り方を参考に、本来の味をよみがえらせるために動きはじめます。

赤く熟したコーヒーの果実はチェリーと呼ばれ、チェリーの果肉を除去したあとのコーヒー豆はパーチメント（内皮）に覆われています。そして、その表面にはミューシレージという粘着質の物質が付着しています。

このミューシレージの処理方法や乾燥のタイミングの違いによって、ウォッシュト(水洗)、アンウォッシュト(非水洗)、セミウォッシュトの3つの製法に分かれるのですが、マンデリンの風味を生み出していたのは、独自のセミウォッシュト方法で精選加工したものだとわかりました。

スマトラ式セミウォッシュトは、果肉を除去したあと、ミューシレージをつけたまま半日ほど天日乾燥させ、ミューシレージが乾燥するとそのままパーチメントを脱穀し、半乾きのコーヒー豆を再度天日で乾燥させる製法です。スマトラのコーヒー生産者は規模が小さく、道路事情などのインフラが整っていなかったことと水の確保に問題があったため、この独特のセミウォッシュトを編み出したのではないかと推測します。

2回目のパーチメントを脱穀したあとの乾燥には7~10日ほど必要です。スコールや夜露に濡れないように倉庫にしまい、また広げる作業を繰り返すのは手間がかかります。そこで、独自の乾燥方法を考え出しました。

イギリスの旧植民地でよく見られる、アフリカンベッドと呼ばれる網を敷いた作業台に、コナの日系人が考案した開閉式の屋根を併設したもので、日中は作業台の上にコーヒー豆を敷きつめ、直射日光と風で乾燥させます。スコールの気配がしたときや夜間は、屋根のビニールシートを広げて全体を覆い、雨や夜霧から豆を守りました。

これは、東アフリカとハワイのコーヒー文化を取り入れたものでしたが、スマトラの人たちには新鮮に受けとめられ、これを考え出したことが信頼を得るきっかけになりました。

共に働き、共に飯を食い、苦労を共にすることで、本当の信頼関係は築かれていきます。私はコーヒー栽培に関する基本的な知識や技術は持っていましたが、土地ごとに違う栽培法、自然環境、文化、慣習、社会制度は、一緒に働かなくては理解できません。

日本流を押し付けるのはもっての外ですが、ほかの産地と同じようにやってもうまくいきません。その土地には、古くから伝わってきたやり方や流儀があります。それを尊重しながら彼らにとって新しい技術を受け入れてもらうには、やって見せて納得してもらうしかありません。

マダガスカルのジャングルへ分け入って

1999年、43歳のとき、アフリカのマラウイ政府からコーヒー生産地の視察と技術指導の要請がありました。アフリカ大陸を訪れるこの機会にぜひ訪れたい島がふたつ、私にはありました。

それは、エルサルバドルの研究所時代から気になっていたコーヒーに所縁《ゆかり》のあるふたつの島。アフリカ大陸の東にあるインド洋に浮かぶレユニオン島とマダガスカル島です。

エルサルバドルの研究所の図書館で目にした文献には、レユニオン島では甘みの強い高品質の突然変異種「ブルボン・ポワントゥ」が生まれたが、その後絶滅したとあり、マダガスカル島にはカフェイン含有量がほんのわずかな希少種「マスカロコフェア」があったと記されていました。

ケニア、タンザニア両国で仕事を終え、マラウイで農務省のコーヒー担当官と5日間をかけてコーヒー地帯を見て回ったあと、私は研究所時代からの夢だった地へ向かいました。

「マスカロコフェア」はマダガスカルを中心としたレユニオン島をふくむマス

カリン諸島にしかない品種です。カフェイン含有量がほんのわずかで、形状も多様性に富んでいるということですが、絶滅したと言われていました。

この絶滅危惧種「マスカロコフェア」を見つけて飲んでみたい。そして、もし、飲用に適していないとしても、アラビカ種と交配させれば自然の状態でカフェインレスのコーヒーができるのではないか。それができれば、コーヒー好きの妊婦さんや医師からカフェインの摂取を控えるように言われている人たちにも、安心してコーヒーを楽しんでもらえる。

それが最終目的でした。

私を出迎えてくれたのは、日本の大手商社のマダガスカル営業所所長のアレキシス・ラザフィンダラトィラ氏。１９６０年代、マダガスカル人初の国費留学生として東京農業大学で学んだ彼でさえ、「マスカロコフェア」の存在を知りませんでした。

アレキシスの友人を介して調べてもらい、20年以上前までは、フランス人研究者が「マスカロコフェア」の研究をしていた実験区があったことを突き止めることができたものの、その実験区がどこにあり、誰が研究していたのかは不明でした。

というのも、1960年の独立後も元宗主国フランスと友好関係を保っていたマダガスカルですが、1975年革命を成功させ大統領に就任したラチラカ将軍が大のフランス人嫌い。フランス人研究者を追い出してしまい、実験が途絶えてしまったからです。

わずかな情報だけを頼りに、20年間以上放置された実験区を探す旅に出るためにランドクルーザーを借り上げ、首都から南へ向かいました。何日も悪路を走り続け、やっとのことで南東部の海岸近くにあった旧実験区に辿り着くと、そこは人の侵入を拒むかのような鬱蒼としたジャングルでした。

「たとえ1本でも、マスカロコフェアを見つけたい」とジャングルへ分け入って行くと、藪の中にはすでに枯れてしまっているコーヒーノキが。「やはり、ときすでに遅かったか」との不安が頭をよぎります。

それでも、あきらめずに奥へ進んでいくと、木々の隙間からこぼれる陽の光の下、ヒョロヒョロと上に向かって生えていた木を見つけることができました。43種約900本の「マスカロコフェア」の木が、かろうじて生き延びていたの

マダガスカルでマスカロコフェアの不思議な花に見入る

です。まさに、ジャングルに眠る秘宝です。

ジャングルの中、雑草や蔦をかき分け、「マスカロコフェア」の木に向かって突き進む私を見ていたアレキシスが、「お前は、コーヒーハンターだ。コーヒー界のインディ・ジョーンズだ」とつぶやきました。

「コーヒーハンター?」

その日から私は「コーヒーハンター」と呼ばれるようになりました。

こうした経験を経て今の私があります。

そして、子どものころからやりたかったことが一生の仕事となったのですから、つくづくしあわせ者だと思っています。

対談

コーヒー市場が成熟するには

コーヒーハンター 川島良彰×コーヒー博士 石脇智広

巻末に、コーヒー研究の第一人者・石脇智広氏と著者との特別対談を収録いたします。

石脇氏は、第4章「なぜ、ＪＡＬのコーヒーがおいしくなったのか」でも登場されているように、著者のパートナーとしてさまざまなプロジェクトに取り組んでいます。

石脇智広氏プロフィール

１９６９年鹿児島県生まれ。東京大学大学院工学系研究科修了。博士（工学）。現在、石光商事株式会社のコーヒー・飲料部門長兼研究開発室室長（取締役執行役員）として、コーヒーの栽培から抽出に至るすべての工程を対象にコーヒーの科学に取り組んでいる。著書に『コーヒー「こつ」の科学』（柴田書店）などがある。

――JALのコーヒープロジェクト等でご一緒しているおふたりの、そもそもの出会いはいつだったのですか？

背中を追いかけてきた人との仕事

石脇　川島さんにはじめて会ったのは、コーヒー屋になりたいと思っていた学生のころです。将来、コーヒー屋になっても絶対この人と競合しない仕事をしようと思い、実際に原料以外の仕事をしてきました。

川島　実は、私は全く覚えていないのですが、ハワイのコナ駐在時代、一時帰国したときに参加したコーヒー文化学会だったようです。

石脇　はい、そうです。当時はまだアマチュアだったので、コーヒー業界との接点はなかったんですが、「すごい人がいる」と強く印象に残りました。

川島　時を経て、日本スペシャルティコーヒー協会の会合で再会したとき、石脇さんは、すでに石光商事の研究開発室室長で、冷静で淡々としていてコーヒー業界にいないタイプだったので、面白い人だと興味を持ちました。

そして、独立後、技術的なことを頼れる人は石脇さんしかいないとすぐに連絡を取って、今、こうして一緒に仕事をするようになりました。

石脇　川島さんの独立後、一気に接点が生まれ、川島さんがやっていないことをやろうと思った自分の選択は間違っていなかったと思いました。

川島　生産地から持ってきた生豆を、鮮度を保ったまま管理するにはどうしたらいいか、焙煎後のコーヒーを最高の状態でお客様に届けるにはどうしたらいいかと訊くと、石脇さんはいままでの経験や知見をもとにさらりと答えるのですから、本当にすごいですよ。

しかも、独立したばかりの準備期間中で、まだ石光商事と取引をしていなかったのですから、手弁当で相談に乗ってくれたわけで、心から感謝していま す。

石脇　ずっと背中を追いかけてきた人ですから、商売は関係なく、面白いことをやるなら一枚噛みたいと思っただけです。

シャンパンボトル入りのコーヒーが生まれるまで

――川島さんが品質を追求する過程で、シャンパンボトル入りのコーヒーが生まれたと思いますが、そのときも石脇さんに技術的な相談をしたのですか？

石脇　既存の業界の人も、これからコーヒー関連のビジネスをはじめる人も、ほとんどは大手のコーヒーメーカーに相談に行きます。

でも、ときどき、大手でいいのかな？　このままでいいのかな？　と疑問を持つ人が川島さんのところに相談に行くんですよね。そして、川島さんがそれに応える場合、私に依頼され、いろいろな分析をし、コーヒーの特性を数値化するなどのお手伝いをしています。

川島　生豆の保存方法の瞬間冷凍実験や解凍後の焙煎実験を繰り返し、最終的に現在の真空・定温保存方法に行きつきました。そして、焙煎後のコーヒーの包装方法として、窒素置換したシャンパンボトル入りに落ち着きました。

石脇　以前、ウチでもボトル詰めのコーヒーを作って販売したことがありましたが、全く売れませんでした。焙煎後のコーヒーを最高の状態でお客様に届けられる技術だとわかっていましたが、それが付加価値として社会には映らなかったのでしょう。

品質を保つためには優れた技術でも、詰めにくい上に、採算を取るのはたいへんですから、大抵の人はソロバンをはじいた段階でやめてしまいます。でも、川島さんはやめずに実現しました。だから、世に問うた技術が世間に受け入れられたのは川島さんのおかげです。

川島　私は、ソロバン勘定も苦手ですし、良いものを作って届けることしか考えていません。コストがかかるのも、詰めにくいのも売る側の都合です。そんなことでやめていたら、コーヒーの価値を上げることはできないと思っています。

そもそも、品質ではなく、出しているお店の格で価格が決まっているのは、消費者にとって良いことはひとつもありませんよね。それを直さないと、コーヒー業界は良くならないという信念がありました。とにかくコーヒー市場を変えたかった。いまでも、その思いは変わっていません。

――シャンパンボトル入りのコーヒーを販売した当初の周りの反応は？

川島　「コーヒーの好きな人に、もっとおいしいコーヒーを飲んでもらいたい」とずっと思ってきて、それを実現しただけです。でも、高価格のコーヒーを作りたいからシャンパンボトルに詰めたと言う人も、もちろんいました。正直なところ、簡単に理解を得られたわけではありません。

——そんな中でも、シャンパンボトル入りのコーヒーを作って、販売し続けてきた理由は？

川島　本文でも書いていますが、コーヒーのためにプラスにならないことを改善し、最高品質の基準になるコーヒーを作りたいという気持ちと、コーヒー業界の商習慣を変えたいという強い気持ちがありました。

私は、コーヒーが好きですから、何とかしたい。それだけです。

石脇　いままで、コーヒー業界は価格以外の付加価値を受け入れる消費者は少数派だと思っていましたし、売る側も売れるかどうか自信がなかったんだと思います。

川島　だからこそ、自信を持って、「いい豆だからそれ相応の価格になる」と言える市場にしたいんです。消費者が本当のおいしさを知れば、品質に見合った価格の商品を薦められても納得して買っていただけるようになると思います。

もちろん、安い物があってもいいし、それを選ぶ人もいるでしょう。それぞれのニーズに合った品質と価格のコーヒーを楽しむ文化を作りたいんです。

――コンビニコーヒーが活況を呈しているいま、何か肌で感じる変化はありますか？

石脇　コンビニの淹れたてコーヒーのおかげで確かに消費者層は広がりました。100円ほどの値段に対しては品質もいいですから、今後ますます、コンビニコーヒーの販売数が増えていくでしょう。

――ということは、コンビニ各社に卸すコーヒーの量は、かなり魅力がありますよね。

石脇　量は魅力がありますが、参入できる企業は限られているので、新規参入による競争の激化の可能性は、そう高くないと思います。

川島　コンビニで消費されるコーヒーの量が増大するにつれ、国際相場や為替の影響が大きくなっていきます。今後、このような世界情勢の中で、価格や品質をどう維持していくのかが、コンビニコーヒーの課題です。

――では、消費者にとって、コンビニコーヒーの市場拡大によるメリットは何かありますか？

石脇　コンビニコーヒーの販売数増加に伴い、コーヒー豆の消費量が増えることはもちろんですが、注目したいのは回転がいいことです。回転が良ければ、頻繁に豆を仕入れますから、結果的に煎りたてのコーヒー豆が納入されるようになります。少なくとも、スーパーなどに長い間並んでいるコーヒー製品より新鮮な豆が納品されている可能性が高いでしょう。

――ということは、私たち消費者は、新鮮なコーヒー豆を使った挽きたて、淹れたてコーヒーを味わえるわけですね。しかも100円ほどの価格で。それは、確かに費用対効果はいいですね。

川島　コンビニは扱っている商品点数も多いですし、倉庫のスペースも狭いでしょうから、回転が良ければ頻繁に納入することになりますよね。

大量に仕入れて保管してあるコーヒー豆を挽いて、一度に数人分を淹れて出している業態と新鮮さに於いて差が出るのは当然です。

石脇　マクドナルドの100円コーヒーも味は悪くなかったんですよ。はじめのころは回転が良かったのでフレッシュなコーヒーが飲めました。ただ、回転率が落ちてからは、煮詰まったコーヒーが出されるようになって……。

川島　原料が持っている能力を100%いかす意味でも、新鮮な原料を仕入れ、挽きたて、淹れたてを出すというのが何より重要です。

――抽出方法の違いは味にも出るものですか？

石脇　セブン‐イレブンは不織布を使用したドリップ方式で、ローソンとファミリーマートはエスプレッソ方式です。

これから変わっていく可能性はありますが、いまの時点では、各社、味作りの傾向は比較的似ています。各社ともに酸味が弱く、中でも酸味を抑えているのがファミリーマートで、ローソンはちょっと苦味があります。

各社、これからどう差別化していくのか、模索中なのではないでしょうか。

川島　万人向けにする必要がある中で、各社、味の特徴をどう打ち出していくか、今後の差別化から目が離せません。

――エスプレッソ方式のところは、エスプレッソを薄めているのですか？

石脇　エスプレッソ方式で淹れたコーヒーをドリップと同量で同じ濃さにするには、「アメリカーノ」と「ルンゴ」という方法があります。

「アメリカーノ」は、濃いコーヒーを淹れてそこにお湯を入れて薄めた〝お湯割り〟だと説明するとわかりやすいでしょう。「ルンゴ」は、エスプレッソ用に挽いた粉に、ドリップしたコーヒーと同じ濃さにするためにお湯を注ぎ続ける方法です。

ローソンとファミリーマートは「ルンゴ」だと思います。

――アイスコーヒーはどのように淹れているんですか？

石脇　ホット用とアイス用2つのホッパーがあり、アイスコーヒーはホットより深煎りの原料を使っています。アイスコーヒーは、熱いお湯で抽出したエスプレッソの氷水割りだと考えるとわかりやすいでしょう。

――アイスも味の傾向は似ていますか？

石脇　ホットもアイスも、ローソンは苦味が利いています。セブン‐イレブンとファミリーマートは似ていて、そこに、香りの要素が加わります。ファミリーマートは香りが優れています。フルーツっぽい香り、甘いカラメルの香り、香ばしい香りなど、香りは使う原料のグレードにすごく影響しますので、ファミリーマートは原料を良くした成果が香りに表れているのではないでしょうか。

セブンカフェが〝ものさし〟になってきた

石脇　このところ、お客様からの依頼の中で、セブンカフェとくらべてほしいというのが増えています。これだけセブンカフェのコーヒーが飲まれていると、それが自然に基準になってくるんだと感じます。

たとえば、専門店が「普段どんなコーヒーを飲んでいますか」とお客様に訊くと、「セブン-イレブンのコーヒー」と答える人が多くなってきて。そうなると、ウチのコーヒーは、「セブン-イレブンより香りが立つ」「セブン-イレブンより酸味がある。雑味がない」など、セブンカフェを尺度として説明するとわかりやすいのでしょう。

さらには、セブン-イレブンと同じ味をキロいくらで作りたいなどの依頼もありますから、セブンカフェの存在感はすごいものがあります。

川島　セブン‐イレブンのコーヒーが、日常的に飲むコーヒーの〝ものさし〟になるってことですね。コーヒー業界内での差別化ではなく、お客さんに基準を示すための〝ものさし〟という意味で。

まさに、私が、「グラン クリュ カフェ」という基準を示して味を担保したように、消費者が客観的視点でコーヒーの基準を理解するようになるのは大切です。

石脇　コンビニのコーヒーを〝ものさし〟として身に付けた消費者が、専門店で5倍の価値を見出せるかということです。こうした状況で、何に価値を与えられるかが問われているような気がします。

たとえば、オフィスへのポットサービスも、コンビニと比較して値段を見直す必要に迫られる可能性もあります。

――消費者も、〝ものさし〟になるものがあると、それが判断の基準になっていきますね。

川島　コンビニのコーヒーをベンチマークにして、コンビニより高くても、もっとおいしいコーヒーを出したいという専門店が増え、高くてもよりおいしいコーヒーを飲みたいと思う人が増えればいいですよね。

石脇　でも、まだ半分の人は価格で買っています。品質などの価値を上げて、それに合わせて価格を上げるところまでいっていない気がします。

川島　価格を重視し、普段はコンビニのコーヒーを飲んでいる人も、ときどきはちょっと高くてももっとおいしいコーヒーを飲みたいと思うのではないですか。ワインも同じで、普段は手ごろなテーブルワインを飲んで、手土産や人を招いたときはちょっと高いワインを買うように。

――確かに、自分へのご褒美に気張ってでもおいしいコーヒーを飲みたいこともありますし、手土産に品質の良いコーヒーをお持ちすると喜ばれます。

これからのコーヒー市場への思い

石脇　とにかくコーヒーに関心を持ってほしい。知ることが大切ですから。コンビニのコーヒーをきっかけにして、もっとコーヒーについて知りたいと思うようになればいい。たとえば、ホテルのコーヒーがまずいと思ったとき、「まずい」と言える人が出てくることも大切です。

売る側も、消費者が「価格、価格」と安さに重きを置き続けると、利益を出すために原料の品質を落とし、負のスパイラルに陥ってしまいます。

このくらいの味ならこの価格が適切だと判断できる人が増え、価格以外の〝ものさし〟を持つ消費者が増えると、売る側も価格以外の価値を売りやすくなりますし、多少価格は上がってもおいしいコーヒーを作れるようにもなります。

川島　確かに、100円でおいしいというインパクトはかなり強いですよ。でも、そこに留まらずに、300円、500円払えばもっともっとおいしいコーヒーが飲めると知ってほしい。そのためには、コーヒーを売る側、提供する側が変わらないといけません。

石脇　でも、まだまだ出す側は勇気がないし、原料を売る側も勇気がないんですよ。価格を上げたらお客さんが離れるんじゃないかと思って。

スペシャルティコーヒーの原価の違いはカップ当たり10円程度です。その差額を出す人が増えてきたのも実は最近の話です……。でも、そこから先に進んでいくのは、そう簡単ではありません。

売る側は品質を上げて価格を上げたとき、お客さんを説得する自信がないし、消費者の多くが価格の〝ものさし〟しか持っていないのが現状です。

でも、変わる時期にきているとは思います。

川島　はじめた当初は、もちろんまったく無名のブランドで、全然売れませんでした。まさしくゼロからの出発でした。でも、そもそも失う客を持っていなかったから勇気もあったのでしょうね（笑）。

それに、正直、何事も変わろうとしないと、変われません。変えようとしなければ、変えられませんよ。

スターバックスが日本へ進出したときも、コーヒー業界は、「あんなものはコーヒーではない」と言って無視をしていました。消費者にどんどん受け入れられていく様を見て見ぬふりをしていました。

でも、1990年代、コーヒーを飲む人の裾野が広がったのはスターバックスのおかげです。コンビニのコーヒーはそれ以上のインパクトがあります。もっと裾野が広がっています。日本全国津々浦々、老若男女関係なく飲むようになっているんですから。

これでは、喫茶店に行く必要がなくなります。原点に返って、喫茶店に行く価値を生み出していかないと、カフェや喫茶店は淘汰されていくのではないかと思います。カフェや喫茶店を名乗りながら、まずいコーヒーを出しているところもたくさんありますから。

――つい先日も、都心のイタリアンレストランで、煮詰まったコーヒーを出されて、がっかりしました。最後のコーヒーで、レストランの印象が急降下して、もう二度と行かないとまで思いましたけど、レストラン側はこうした客側の気持ちに気づいていないんでしょうか?

一流レストランの食後のコーヒーがまずい理由

川島　コーヒーはシェフの仕事ではなく、フロアの仕事だというのもひとつの理由だと思います。フロアの人は味や品質ではなく原価から入ります。利益さえ取れればいいというのが習慣になっています。だから、有名シェフの店でも、シェフはコーヒーの味まで把握していないか、コーヒーはこんなものだと思っています。

私が作ったコーヒーを飲むとシェフたちは驚きます。飲みくらべてもらえば、当たり前ですがシェフたちはすぐわかります。

「料理はおいしいのに、なぜコーヒーはまずいのですか」と、お客さんが言わないと気づかないかもしれません。たとえば、１杯10円余分に原価に掛ければ格段においしくなることを知れば、シェフたちは出しますよ。いい材料にお金を支払うのは厭わない人たちなんですから。

コーヒー業界は品質に自信を持って、価格が上がる理由をきちんと説明できるようにならないといけないでしょう。

石脇　価格だけではない市場が大きくなって、成熟し、もっと選択肢が増えるといいと思います。

——なるほど。その場で、コーヒーがまずかったので残念でしたと伝えることも大事なんですね。

価格競争は業界を疲弊させるだけ

川島　コーヒー業界は、納得してお金を払うお客さんの要望に応えられる品質のものを売ってほしい。そして消費者は、それがおいしければ、品質相応のお金を出してほしい。コンビニのコーヒーが活況を呈しているこの機会をいかして、価格競争から脱して、業界がもっと元気になればいいと思います。

そのためには、正しい情報を開示する必要があるでしょう。いままで、収穫年を聞かれても言えなかった業界ですから。

石脇　コーヒーだけでなく、日本は価格競争が盛んな傾向にあります。海外は、まだ日本ほど価格競争が激しくないような気がしますが……。

川島　そういえば、講演会に参加してくれた醤油会社の人がこんなことを言っていました。国内で売るより輸出した方が利益率が高いんだと。

でも、こんな状態が続くと、いろいろな業界が疲弊してしまいます。だからこそ、価値をきちんと伝えないといけない時期にきているんだと思います。

石脇　意識が変わるといいですね。きっかけはコンビニのコーヒーが与えてくれているはずです。売る方も買う方も変われるかどうかが、ここ数年で問われてくる気がします。

川島　コーヒーのドリップパックも安売り競争に入っています。驚くほど安いものが売られていますけど、どんなコーヒー豆が使われているのでしょう。

安くておいしいならいいんですが、「ドリップパックは安物でまずい」と、消費者から思われてしまうのは残念で仕方ありません。

石脇　納得すれば消費者はお金を払うと思います。

――缶コーヒーは今後どうなるでしょう。

石脇　携帯性をいかして、缶コーヒーでしか作れない味を作るところも現れています。いままで缶コーヒーユーザーとレギュラーコーヒーユーザーはおいしさの基準が違っていましたが、それでもコンビニコーヒーの影響はありますので、付加価値が求められるようになるでしょう。

自動販売機で売られている缶コーヒーより、コンビニへの依存度が高いチルドのコーヒーへの影響があるようです。レギュラーコーヒー好きの人は、缶コーヒーよりチルドコーヒーを好む傾向がありますが、淹れたてで、価格の安いコーヒーがあれば、そちらを選ぶケースは少なからずあるでしょう。

――コンビニコーヒーの出現が、市場にさまざまな影響を与えているということですね。

コンビニコーヒーを好機として

川島　コンビニ各社は、そろそろ次の機種選定に入る時期にきています。各社、近いうちに機種を変えてくる可能性がありますし、どう差別化していくかを考える必要に迫られるでしょう。

それに伴って、街のカフェも、専門店も好機と捉えて伸びるところと、好機をいかせず淘汰されるところがあるでしょう。大手コーヒー会社も、コンビニコーヒーが伸びるに従って、既存のお客さんが減る可能性もあります。

それから、今後、国際相場や為替の影響でコンビニのコーヒーを10円値上げすることになったとき、その10円を消費者がどう思うかも気になるところです。私は、原料費が上がったとき、価格を据え置いて品質を下げるという悪い方向に進まないことを切に願います。

石脇　とにかく、市場が成熟してほしいなあと思います。

川島　本当の意味でクオリティのわかる人が育っていってほしいですよ。品質相応の価格を支払う人を増やすためには、本当においしいコーヒーの基準化を明確にしなければと思います。

それぞれがこだわりのコーヒーと言っているけど、そのこだわりが間違っていることも、思い込みの可能性もありますから。

石脇　いろいろな開発の仕事をしていますが、最初にやるのがコスト計算です。まず、キロ○○円までですと決められ、価格条件を満たす範囲内で味を作っていきます。ここ10年くらい、価格条件ありきがほとんどです。

でも、最近、少しずつ価格ありきではない話が来るようになりました。それがもっと増えていってほしいなと思っています。

川島　私も変化を感じています。一足飛びというわけにはいきませんが、少しずつ市場は成熟していると思います。だから、あきらめずに本当においしいコーヒーを作り続け、届けていくつもりです。

おわりに

本書が、コーヒー好きの人も、コーヒーが苦手な人も、コーヒーについての正しい知識を得る機会になり、本当においしいコーヒーを飲んでみたいと思うきっかけになれば嬉しい限りです。

本文で、高級ホテルや一流レストランで価格に見合わない残念なコーヒーを出していると述べましたが、最近、高級ホテルやレストランからも相談が来るようになるなど、変化が見られるようになりました。

そのひとつが、東京都内にあるホテルニューオータニのグランシェフでありパティシエでもある中島眞介氏とのコラボレーションです。

最初の連絡があったとき、いままで同様、コーヒーの品質の高さは認めてもらえたとしても、結局のところ採用にまでは至らないだろうと正直思っていました。しかし、中島シェフは自身が作ったスイーツを6種類持参し、「先ずは一緒に食べましょう」と言うなど、いままでの人たちとは明らかに違っていました。

そして、おいしいスイーツを楽しんだ後、どのスイーツがコーヒーに合うかを話し合いました。衝撃的で嬉しい事件でした。その日から、ホテルニューオータニの銘店パティスリー「SATSUKI」とのプロジェクトがスタートしました。

これまで、私は柑橘系のスイーツ、中でもレモンはコーヒーと相性が良くないと思っていました。しかし、中島シェフが作ったクラシックレモンパイは見事にコーヒーとマリアージュしたのです。その生地の繊細さには本当に驚かされました。中島シェフがコーヒーのさらなる可能性を引き出してくれたことに感謝しています。

2015年秋からは、パティスリー「SATSUKI」の定番、スーパーモンブランとのマリアージュがはじまりますので、こちらも楽しみです。

また、山口県の高級旅館「大谷山荘別邸音信」の支配人から、「グランク

リュ　カフェ」同士の特別なブレンドの依頼もきていますし、栗で有名な長野県の「小布施堂」のコーヒー、また客船「にっぽん丸」の船内コーヒーもプロデュースするようになりました。こうして、さまざまな場所でコーヒーとのコラボレーションが実現していくことをとてもありがたいと思っています。

「ル・マンジュ・トゥー」や「Bon.nu」、「ラ・ボンヌターブル」、「銀座和光ティーサロン」のような高級店から、「カフェ・カンパニーグループ」「ドリップマニア」、「the 3rd Burger」、「Café&Meal MUJI」、「イセタン羽田ストアカフェ」、東急ハンズの「ハンズカフェ」のような気軽なお店のコーヒーまでプロデュースする機会を得たことで、コーヒーのピラミッドがようやく定着しはじめたと感じています。

ＪＡＬの役員が私の元を訪れたときも、乗客へのアンケートの回答に、「もっとおいしいコーヒーを飲みたい」と書かれていたとのことでした。

コーヒー業界、ホテルやレストラン、カフェ側が認識しているよりずっと、本物のコーヒーを求める消費者は増えています。

私が年間３分の１を世界中の産地を訪ねるために費やしているのは、農園と精選工場がコーヒーをおいしくする原点であり、毎回、新しい発見があるからです。知れば知るほどコーヒーは奥深く面白いからです。

そもそも、生産者と消費者、生産国と消費国はビジネスパートナーとして共通の品質の価値観を持たなくては熟成した市場は作れません。しかし、それには相応の時間を要します。そして、コーヒーの文化を高めていくには不可欠なことです。

「Siempre para café（すべてはコーヒーのために）」

まだ見ぬおいしいコーヒーに出会うために、私の旅はこれからも続きます。品質の基準を明確にし、自信を持って本当においしいコーヒーをみなさんに届けることがコーヒー屋である私の仕事です。

２０１５年８月　猛暑の東京にて

川島良彰

川島良彰
かわしま・よしあき
1956年、静岡市のコーヒー焙煎卸業の家に生まれる。静岡聖光学院高校卒業後、中米エルサルバドルのホセ・シメオン・カニャス大学に留学。その後、国立コーヒー研究所に入所、内戦勃発後も同国に残りコーヒーの研究を続ける。1981年UCC上島珈琲株式会社に入社し、ジャマイカ、ハワイ、インドネシアなどでコーヒー農園を開発、各現地法人の役員・社長などを歴任。51歳でUCC上島珈琲を退社し、株式会社ミカフェートを設立、代表取締役に就任。日本サステイナブルコーヒー協会理事長、東京大学コーヒーサロン共同座長、JAL日本航空コーヒーディレクター、タイ王室メーファールアン財団コーヒーアドバイザーなどを務める。主な著書に『私はコーヒーで世界を変えることにした。』(ポプラ社)、『コーヒーハンター』(平凡社)、『Coffee Hunting Note 100カップログ』(世界文化社)、監修に『僕はコーヒーがのめない』(小学館)などがある。

編集協力　小梶さとみ

ポプラ新書
069
コンビニコーヒーは、
なぜ高級ホテルより美味いのか
2015年10月1日 第1刷発行

著者
川島良彰
発行者
奥村 傳
編集
碇 耕一
発行所
株式会社 ポプラ社
〒160-8565 東京都新宿区大京町22-1
電話 03-3357-2212(営業) 03-3357-2305(編集)
0120-666-553(お客様相談室)
振替 00140-3-149271
一般書編集局ホームページ http://www.webasta.jp/
ブックデザイン
鈴木成一デザイン室
印刷・製本
図書印刷株式会社

N.D.C.596/205P/18cm ISBN978-4-591-14692-7

生きるとは共に未来を語ること　共に希望を語ること

昭和二十二年、ポプラ社は、戦後の荒廃した東京の焼け跡を目のあたりにし、次の世代の日本を創るべき子どもたちが、ポプラ（白楊）の樹のように、まっすぐにすくすくと成長することを願って、児童図書専門出版社として創業いたしました。

創業以来、すでに六十六年の歳月が経ち、何人たりとも予測できない不透明な世界が出現してしまいました。

この未曾有の混迷と閉塞感におおいつくされた日本の現状を鑑みるにつけ、私どもは出版人としていかなる国家像、いかなる日本人像、そしてグローバル化しボーダレス化した世界的状況の裡で、いかなる人類像を創造しなければならないかという、大命題に応えるべく、強靭な志をもち、共に未来を語り共に希望を語りあえる状況を創ることこそ、私どもに課せられた最大の使命だと考えます。

ポプラ社は創業の原点にもどり、人々がすこやかにすくすくと、生きる喜びを感じられる世界を実現させることに希いと祈りをこめて、ここにポプラ新書を創刊するものです。

未来への挑戦！

平成二十五年　九月吉日　　株式会社ポプラ社